생물의 죽살이

생물의 죽살이

권오길 지음

지성사

생물의 죽살이

초판 1쇄 발행 1995년 5월 15일
개정판 5쇄 발행 2014년 10월 6일

지은이 권오길
펴낸이 이원중 **펴낸곳** 지성사 **출판등록일** 1993년 12월 9일 **등록번호** 제10 – 916호
주소 (122 – 899) 서울시 은평구 진흥로1길 4, 2층 **전화** (02) 335 – 5494~5 **팩스** (02) 335 – 5496
홈페이지 www.jisungsa.co.kr | 지성사.한국 **이메일** jisungsa@hanmail.net
편집주간 경현주 **편집팀** 안선영 **디자인팀** 이향란, 장현지

ISBN 978-89-7889-114-1(03480)

달팽이처럼 천천히 그러나 뚜렷하게

거슬러 올라가 9년 전 어느 추운 겨울날 아침이었다. 집사람이 서울 사는 친구와 전화를 하고 있었는데 집사람의 말 한마디가 내 귓전을 번쩍 때렸다. “나 이번 독감에 죽살이쳤다.”라는 아내의 말에 나는 잠깐 통화를 멈추게 하고, “방금 당신 뭐라 했소?” 하고 물었다. 집사람은 “죽살이쳤다고 했어요.”라며 의아한 눈빛으로 나를 쳐다봤다. ‘죽살이 죽살이’ 중얼거리면서 지하실로 서둘러 달려간 나는 이희승의 『국어대사전』을 펼쳤다. 그랬더니만 “죽음과 삶. 죽고 사는 일을 다투는 고생.”, 준말로는 “죽살”이라 쓰여 있지 않은가! 책 제목을 전화통에서 찾은 셈이다. 특히 ‘살이’라는 말이 좋아 이 책에 이어 출간된 『생물의 다살이』, 「생물의 모음살이」(『하늘을 나는 달팽이』 부제), 「생물의 살린살이」(『바다를 건너는 달팽이』 초판 부제), 『생물의 애옥살이』에도 붙였다. ‘다살이’나 ‘살린살이’는 물론 사전에 없는 필자가 만든 조어(造語)로, ‘다같이 살자’, ‘죽이지 말고 살리자’란 뜻이다.

『꿈꾸는 달팽이』, 『인체기행』에 이어 세 번째 자식인 이 녀석이 ‘양장’ 미인으로 예쁘게 꾸며져 새로 탄생한다니 기쁘기 짝이 없다. 많이많이 팔려서 여러 사람을 기쁘게 했으면 좋겠다.

2003년 12월호 『과학동아』 「책과 사람」 꼭지에 필자가 소개되었다. 그

글을 읽으면서 미처 보지 못했던 '나'를 보았다. 다음은 그 글의 일부이다.

사실 권 교수는 과학 수필가로 불릴 만큼 소문난 글쟁이다. 중학교 2학년 교과서에 실린 글, 「사람과 소나무」는 우리 조상들의 생활과 소나무의 관계를 잘 엮은 글로, 생활 속에서 과학적 소재를 끌어내는 그의 솜씨가 돋보인다. 생물 에세이 「사람과 소나무」가 실린 책 『생물의 다살이』 개정판이 최근에 나왔다.

생활 속의 어떤 일이든 과학과 연관되지 않은 것이 없고, 그래서 한 가지 주제를 잡으면 책 한 권은 거뜬히 엮어 낼 수 있는 사람. 강의실에 들어가면 입담 좋은 이야기꾼처럼 학생들이 잠깐도 한눈을 팔 수 없도록 거침없이 말을 쏟아 내는 사람. 권 교수가 가진 말과 글의 힘은 어디서 나오는 것인지 궁금했다.

늦가을 낙엽이 질 무렵 찾아간 그의 연구실 책상에는 뜻밖에 문학, 역사 책들로 가득했다. 막 도착한 주문 도서도 『보바리 부인』인 것을 보니 과연 예사롭지 않았다.

"책을 많이 읽습니다. 가리지 않고 읽지요. 과학은 생활입니다. 사람들이 먹고, 자고, 입고, 하는 곳에 과학이 있지요. 그래서 사람들의 삶이 들어 있는 책을 좋아합니다."

그는 오래 전부터 과학이 생활이 되고, 생활이 과학이 돼야 한다고 생각해 왔다. 그래서 굳이 과학 대중화라고 할 것도 없이, 일상생활 속에 녹아 있는 과학적 경험을 바탕으로 글을 쓰는 일을 당연하게 여겼다. 만약 과학을 특별한 주제로 한정시켜 생각했다면 지난 10여 년 동안 450회가 넘게 <강원일보>에 연재하고 있는 「생물 이야기」 칼럼 같은 것은 당초 불가능했을 일이다.

권 교수는 글을 쓰는 것은 아픈 일이라고 했다. 하지만 이제 글을 쓰지 않으면 몸살이 날 지경이라고 하니 앞으로도 글쓰기를 멈추지는 않을 것이다. 마치 문자에 중독된 사람처럼 글을 탐하던 권 교수는 결국 두 눈에 이상이 생겨 얼마 전 수술까지 받았다. 하지만 과학의 발전이 다시 두 눈을 멀쩡하게 돌려놓았기 때문에 개의치 않는다고 한다. 지금도 자신의 홈페이지(http://cc.kangwon.ac.kr/~okkwon)를 찾는 사람들이 게시판에 남긴 글에 직접 일일이 답글을 단다.

권 교수는 원래 물고기 연구로 생물학을 처음 시작했다고 한다. 그런 그가 달팽이에 관심을 갖게 된 이유가 재미있다. 어느 날 『사이언티픽 아메리칸(Scientific American)』이라는 잡지를 보는데, 그곳에 나온 달팽이 사진이 너무 예뻐 보이더라는 것이다. 달팽이집의 고유한 띠가 달팽이가 살아온 세월을 머금고 있는 아름다움에 그만 홀딱 반해 버린 것이다.

그 이유 하나로 달팽이 연구에 본격적으로 매달리기 시작해서 달팽이의 형태와 분포 연구에 한평생을 바쳤다. 이런 경험을 바탕으로 그가 펴낸 『한국동식물도감-연체동물1』은 지금도 이 분야의 기념비적인 저작으로 꼽힌다.

권 교수는 1년 반 남짓 후에 정년을 맞게 되면 시와 소설을 쓸 생각이다. 과학성이 있는 문학을 하고 싶다는 말이다. 달팽이처럼 천천히 그러나 뚜렷하게 자신의 족적을 남겨 온 권오길 교수. 생물학과 더불어 산 그의 일생이 시가 되고 소설이 될 날이 머지않은 듯하다.

다시 한번 셋째 놈의 재탄생을 축하한다!

2004년 4월 권오길

초판 서문

생물의 '삶과 죽음', 그 치열함에 대하여

어떤 일에 죽을힘을 모질게 쓸 때 "죽살이치다"라고 한다. 이 책의 제목인 '죽살이'는 "죽고 사는 일을 다투는 고생"을 뜻하지만 실은 '삶과 죽음'에 더 가깝다.

자연은 사람의 거울이라 우리는 자연에서 삶의 지혜를 터득할 뿐만 아니라 젖도 얻는다. 그런데 생물들이 인간의 등쌀에 할퀴어지고 찢겨 못 살겠다고 지구를 떠나기 시작한 지가 오래되었으나, 인간들은 그것도 모르고 퉁때에만 열 내면서 천방지축으로 날뛴다. 풀벌레 없는 세상에 저만은 살아남을 줄 알고 그러는 것이다.

우리나라에는 동물이 1만 8,145(그 중 곤충이 1만 1,153종)종, 식물이 6,846종 산다는 통계표를 읽었다. 대략 2만 5,000종의 생물이 살고 있다는 말인데 아직도 밝혀지지 않은 동식물이 그것의 몇 배는 될 터인즉 상당히 다양한 생물이 산다. 그런데 이놈들이 살아가는 모습을 가만히 들여다보면 하나같이 달라 정말로 흥미롭고 생물학을 전공한 사람으로서 그들 삶의 비밀을 여러 사람들에게 알리고 싶은 충동도 느낀다.

연구하고 가르치면서 터득하고 느꼈던 여러 가지를 『꿈꾸는 달팽이』와 『인체기행』에 조금 풀어 썼으나, 더 욕심이 생겨 주변 생물들의 삶을 다시 엮어 보았다. 나비는 어미와 새끼가 어떻게 먹이다툼을 피하며 살아가는지 나방이와 어떤 점이 다른가를 덧붙여 보았고, 해마라는 바다살이 하는 놈은 어째서 수놈이 새끼를 주머니에 넣어키우는가를 사람의 육아와 비교해 보았다. 또 가시고기 수놈의 새끼 키우기 등 마흔세 가지 소재를 모아 보았다.

분명히 말하지만 독자들은 이 책을 읽고 나면 생물계의 다툼과 협조의 오묘함에 매료될 것이다. 물론 죽살이의 처절함에 몸서리치는 일도 있으리라. 무엇보다 자연에 눈을 떠 주변에서 일어나는 작은 일에도 관심과 흥미를 갖게 될 것이고 생명의 숭고함에도 고개 숙일 것이다. 발밑의 풀 한 포기나 돌 틈의 벌레 한 마리가 우연이 아니라 필연적인 이유로 그곳에 살고 게다가 치열한 죽살이치는 투쟁을 통해 살아남았으며 종국에는 그들이 우리의 스승이라는 사실도 새삼 깨달으리라. 글의 순서는 크게 바다, 강, 물 그리고 뭍이다. 생물은 하등한 것에서 고등한 것으로 했고 포괄적인 내용을 맨 뒤에 묶어 놓았다.

1년 동안 <강원일보>에 연재했던 「생물 이야기」에 더 많은 원고를 보태 책을 만들었고 앞으로도 이런 책을 몇 권 더 써서 생물학자의 임무를 다해 볼 생각이다. 굳이 이 책의 가치를 따진다면 이런 식의 생물 수필이 이 전에는 없었다는 것이다. 독자 여러분이 많이 격려해 주길 바라면서 2만 명이 넘는 사랑하는 내 제자들한테 이 책을 보내는 바이다.

1995년 3월 권오길

C O N T E N T S

‘동해부인(東海夫人)’ 홍합

한여름 땡볕 더위를 식히려고 쥐 떼처럼 몰려왔던 군상들이 썰물 빠지듯 떠나 버린 바다는 텅 비어 호젓하고 을씨년스럽다. 그러나 그것은 바다가 그리운 한 사람의 마음일 뿐 파도가 넘실거리는 바다는 말 없이 그대로 있다. 불현듯 달려가고 싶은 동해 바다!

여름 바다 하늘에 일었다 흩어지는 흰 구름은 삶에 너무 연연하지 말라고 하고, 발바닥에 밟히는 조개껍데기는 인생무상을 일러 주고, 소리치며 스쳐 지나가는 물새는 지족(知足)하라고 가르치며, 바윗돌에 부딪혔다 사라지는 파도는 짧은 인생 티 없이 살라고 한다. 그래서 한없이 너르고 너른 바다를 만경창파(萬頃蒼波)라고 했던가.

동해안 바닷가 너럭바위 틈바구니에는 어느 곳에나 가냘픈 새까만 조개새끼가 잔뜩 붙어 있다. 그들은 바닷물이 들락날락거리는 곳에 빽빽하게 서로 의지하면서 달라붙어 산다. 보통 사람들은 그 조개를 홍합새끼라고 하겠지만 ‘동해부인(東海夫人)’이란 고매한 별칭을 가진 홍합은 수면 5미터 아래에 산다. 그 작은 놈들은 홍합 사촌뻘 되는

'격판담치'라는 것으로, 꼬마 홀태라 속살이 안 차 먹지 않는다. 홍합도 그렇지만 이것들도 족사(足絲)라는 실 같은 돌기들로 돌에 착 달라붙어 살아 떼려 해도 잘 떨어지지 않는다.

홍합은 홍합과 패류로 우리나라에 지금까지 기재된 것은 13종이다. 그 중에서 식용하는 것은 홍합 외에도 꼴이 비슷한 진주담치가 있는데 맛좋고 알 많은 홍합을 더 고급으로 취급한다. 그런데 서양 사람들은 입맛이 우리와 사뭇 달라서 진주담치를 더 좋아한다니 이것도 신토불이의 한 예이다.

홍합은 동해부인, 담채, 섭, 섭조개, 강섭, 열합, 합자 등 지방명이 많다. 이것은 굴, 반지락과 함께 조상들이 즐겨 먹던 패류라는 것을 말하는데 실제로 조개더미 조사 결과를 봐도 그렇다. 홍합은 그대로 삶아 먹지만(목롯집에서 파는 것은 열에 아홉이 진주담치이다) 꼬챙이에 꿰어 말려 해산구완 할 때 미역국에 넣어 먹기도 하는데 이렇게 말린 홍합을 합자(蛤子)라고 부른다. 해산어미한테 무엇보다 좋은 것이 이것이다.

섭, 섭조개에서 '섭'은 눈썹이 아니고 여음(女陰)의 속칭이다. 사실 '조개'라는 말 그 자체만으로도 여음의 의미는 충분하다. 족사는 거웃, 외투막은 대음순, 발끝은 음핵을 꼭 빼닮았다.

근본적으로 천성이 착하고 어진 사람은 나쁜 버릇에 물들지 않는데 이런 경우 "조개껍데기는 녹슬지 않는다."라고 한다. 사실 조개는 탄산칼슘이 주성분이라 녹이 생기지 않으며 3층으로 된 껍질 중에서 맨 안쪽에 있는 영롱한 광택을 내는 진주층은 썩어도 제 색을 그대로 가지고 있다.

홍합 먹다가 진주 씹었다는 이야기를 가끔 듣는다. 그랬다면 아마 그 홍합은 십 년이 넘은 늙은 조개였을 것이다. 옛말에 노방생주(老蚌生珠)란 말이 있다. 직역하면 늙은 조개가 진주를 낳는다는 뜻인데 본뜻은 아비보다 자식이 더 낫다는 의미이다. 얼굴이 움푹 팬 주름투성이인 늙은 조개는 아비요, 알롱달롱 진주는 새끼를 비유한 것인데 진주를 품어 삭신 쑤시는 늙은 조개의 아픔을 자식 진주는 알까.

기왕 진주라는 말이 나왔으니 인공 진주 만드는 이야기도 해야겠다. 진주의 모패(母貝)로는 주로 진주조개(우리나라에 3종이 기재됨)나 굴을 쓴다. 조개껍데기를 주머니칼로(사실은 더 정교한 공구를 쓴다) 살짝 열고 조개를 잘라 동그랗게 갈아 만든 하얀 핵을 껍데기와 외투막(껍질 벽에 붙어 있는 얇은 막으로 껍질을 만든다) 사이에 삽입하여 닫아 둔다.

사람 허파에 탄가루가 묻었을 때 탄가루를 둘러싸서 결석(結石)을 만들어 새 살이 돋듯이, 모패의 몸에 다른 물질이 들어오면 조개도 진주 성분을 핵 둘레에 쏟아 둘러싸서 진주를 만든다. 언뜻 보면 자연 진주 같지만 둥근 조개껍데기 둘레에 진주 성분을 살짝 덮어씌운 것이 인공 진주이다. 인공 진주는 조개 속에 오래 둘수록 고급품이다. 자연 진주는 조개 몸속에 모래알 같은 것이 저절로 쌓인 것이다. 탄산칼슘이라는 횟가루에 유기물이 조금 섞였을 뿐인 이것이 여심(女心)을 홀딱 빼앗아 간다.

언젠가 백령도로 채집을 갔을 때이다. 섬 건너편엔 장산곶 마루가 지호지간(指呼之間)에 보이고 눈 아래 물개바위에는 남북을 넘나들며 노닐던 겨울 물개들이 떼 지어 양광을 쬐며 이데올로기 옮맴 없이 평화를 즐기고 있었다. 남쪽에는 효녀 심청 할머니가 빠져 가신 인당수도 그대로 있었다. 가는 날이 장날이라고 강원도 홍천 출신 해병대

소대장이 구해 준 무공해 홍합을 오글보글 끓이기도 하고 장작불에 굽기도 해서 실컷 먹었다. 조개는 어느 것이나 맛이 있어 "곰삭은 조개젓 단지에 괭이 발 드나들듯 하다."라는 속담이 생겼나 보다.

우리가 잘 알고 있듯이 과학이란 필요의 산물이고 자연의 모방물이다. 홍합은 물속에서도 액체 성분을 분비하여 순간적으로 굳어 다른 물체에 달라붙는 족사를 만드는데 사람들은 그 성분만 알아낸다면 물속에서 사용할 수 있는 강력 접착제를 만들지 않을까 싶어 많은 연구와 투자를 하고 있다. 우리나라 어느 연구소에서도 늦게나마 이 일을 시작하여 필자가 자문을 해 준 기억이 난다.

다음은 조개를 모방한 가방의 여닫이 원리를 생각해 보자. 살아 있는 입 다문 조개는 칼로도 벌리기 어려우나 굽거나 삶으면 조개껍데기 두 장을 서로 맞물린 폐각근(앞뒤 2개 있음)의 힘이 빠져 조가비가 스르르 열린다. 우리는 밥상에서 입 벌린 조갯살을 뽑아 먹고 껍질에 붙은 나머지 폐각근마저 젓가락으로 기어코 뜯어 먹고는 두 껍질을 맞잡아 "딱딱" 소리까지 내 본다. 캐스터네츠가 따로 없다. 이때 조가비 이음매를 잘 보면 검거나 갈색인 키틴(chitin)질로 된 띠 같은 돌기가 길게 붙어 있으니 이것을 인대(靭帶)라고 한다. 이렇게 조개껍데기가 열리는 얼개가 곧 007가방의 원리이다.

이제는 조개도 키워 잡아먹는다. 통발 속에 큰 가리비의 종패(種貝)를 넣어 바다 밑에 3년 정도 놓으면 종패는 손바닥만 한 크기로 자란다. 맛깔스런 가리비나 키조개 무리의 폐각근은 젖꼭지 모양의 살점으로 조개관자, 패주(貝柱), 또는 조개귀라고 부른다. 날것으로 먹기도 하고 말려서 먹기도 한다. 홍합은 통발이 필요 없고 낡아 빠진 어망이나 느즈러진 동아줄만 바다에 늘어뜨려 놓아도 너끈히 달라붙는다. 조개의 '불가사리'라 홍합이 없는 바다는 상상할 수도 없어 홍합을 '사막의 선인장'에 비유한다.

홍합 이야기에 '구멍 난 조가비' 이야기를 덧붙여 본다. 바닷가에서 무심히 스치는 나그네의 눈도 좋고 새로운 종 하나를 더 찾겠다고 조가비에 구멍 날 만큼 꿰뚫어 보는 학자의 불 켠 눈도 좋다.

나는 그리운 바다의 물결 소리를 들으며 파도에 쓸려 나와 허들스럽게(여기저기 많이) 나뒹구는 조개껍데기들을 주워 묶어 그녀의 목에 걸어주는 낭만이 있어 바다가 좋다. 조개껍데기를 실에 꿰려면 조개껍데기에 구멍이 나 있거나 구멍을 뚫어야 할 판인데 눈빛처럼 하얀 모래에는 동그랗게 구멍 난 것들이 지천으로 널려 있으니 조개 목걸이 만들기는 누워 떡 먹기이다. 하기는 누워 떡 먹기가 쉬운 것 같아도 떡고물이 눈에 들어간다.

그런데 어째서 조갑지에 하나같이 동그란 구녕이 절묘하게 났을까? 저절로 구멍 난 것이 아니라 천적의 침해를 받아 생긴 것이라는 데 생각이 미친다. 조개의 적은 골뱅이들이다.

탄산칼슘으로 빚은 철옹성 집 속에서 옴짝달싹 않고 움츠리고 있는 조개를 산 채로 후딱 잡아먹을 수 없으니 구슬우렁이 놈들은 슬금슬금 조개에게 다가가서 입 안에 들어 있는 치설(齒舌)이라는 센 줄로 몇 날 며칠 조개껍데기를 갈아 구멍을 낸다. 그런데 마구 뚫기는 힘들어 입에서 토해 낸 염산으로 조금씩 녹이기를 반복하여 기필코 구멍을 낸다. 그리고 혓바닥을 집어넣어 독을 분비하고 폐각근이 마비되어 조가비가 열리면 눈 하나 까딱 않고 먹어 치운다. 그놈도 용한 재주를 가졌다. 살 빠진 빈 껍데기는 파도에 이리저리 쓸리고 모랫바닥에 부딪혀 마멸되어 하얗게 구멍 나 그렇게 나그네를 기다리는 것이다.

이런 것도 이야깃거리가 되겠다. 단단한 껍데기도 불안해서 담 밖에 철망까지(털이 많이 돋아 있다) 치고 사는 털골뱅이라는 놈이 있는데, 이놈은 삶거나 구워 먹으면 이놈의 침샘에 들어 있는 테트라민(tetramine)이라는 독 물질 때문에 배앓이, 구토는 물론이고 신경까지 마비시켜 환각 현상까지 일어나게 한다. 동해안 어느 횟집 아주머니 말마따나 건넛집 전깃불이 켜졌다 꺼졌다 커졌다 작아졌다 하더라는 말이 우스갯소리가 아니다. 댓진 먹은 뱀 꼴이랄까. 맥을 못 춘다고 한다. 그래서 반드시 그들이 말하는 '귀지'라는 침샘을 떼고 먹어야 한다. 귀지는 머리 위에 붙어 있다. 여기서 나오는 독물을 딴 조개에 깨물어 집어넣으면 단방에 기절한다. 덩치 큰 사람도 휘청하는 판이니까.

"우렁이도 집이 있다."라고 조개들은 태어나면서부터 제 집이 있어 주택부금을 안 넣어도 되고 전세살이를 안 해도 된다. 집을 유산 받은 복 받은 놈들이다.

바다의 우유 '굴'

'바다의 우유'라는 굴을 서양 사람들은 우리가 정력 강장에 제일로 생각하는 인삼만큼이나 즐겨 먹는다고 한다. 굴은 연체동물에 속하고 껍질 한 장이 바위나 돌에 붙어 모두 두 장씩 짝을 짓는 이매패(二枚貝)이다.

굴을 따고 나면 하얀 속 색을 내보이는 껍질이 남는데 이것이 좌각(左殼)이다. 이것들이 모여 바위꽃을 피우니 예부터 석화(石花)라고 불러 온 그것이다. 굴은 맛도 있지만 냄새가 향긋해 사람을 유혹한다. 굴을 먹는 데에는 생굴도 일품이지만 굴젓 또한 입맛 당기는 식품이다. 옛날부터 전해오는 굴 따는 방법은 곡괭이 닮은 손잡이 쇠찍개로 바위에 붙은 굴의 두 껍질 이음매 부분(인대)을 탁 찍어 쳐서 위 껍질인 우각(右殼)을 들어내고 연장 끝으로 굴을 긁어 바가지에 털어 담는 것이다. 이렇게 바위에서 딴 굴을 어리굴이라고 하는데 '어리'라는 말은 '어리다', '작다'는 뜻이다. '어리연꽃', '어리하늘소', '어리광 부리다', '어릿광대' 등 많은 '어리'가 이 뜻이다.

이제는 굴도 키워 먹는다. 바닷물 흐름이 느린 남해안은 바다 전체가 굴밭이다. 말 그대로 물 반 굴 반이다. 일반적인 굴 양식 방법으로는 굴 껍질 여러 개를 긴 줄에 주렁주렁 매달아 서로 엮어 바다에 띄워 두고 종패들이 저절로 달라붙어 크게 하는 수하식(垂下式)을 쓴다. 3년만 지나면 줄을 끌어올려 굴을 따니 이것이 양식 굴이다. 사람은 꾀가 많고 머리가 참 비상하다. 3년 후면 잡아먹힐 줄도 모르고 굴은 새끼를 치고.

굴이 수출 수산물 1위를 차지하여 외화벌이에 효자 노릇을 해 왔다는데 그 동안 사람들이 남해 바다를 너무 혹사시켜 굴이 잘 자라지 않는 것은 물론이고 이제는 종패 받기도 힘들다는 학회 발표를 들은 적이 있다. 굴은 플랑크톤을 먹고사는 놈들인데 땅이 비료, 농약에 찌들듯 바다도 산성화되어 굴이 살아남기 힘든 모양이다. 땅이나 바다나 사람이나 너무 스트레스를 받으면 몸살을 앓는 법이다. 느린 소도 성낼 때가 있다고 한다. 어이 눈 가리고 아옹하려는 마음을 먹는단 말인가. 바다에도 휴식년이 필요하다. '중정(中正)의 미덕'이란 말이 이럴 때도 해당되는지 모르겠다.

바위에 딱 붙은 굴은 바닷물이 빠져나간 6시간의 간조 때는(하루에 간조, 만조가 각각 6시간씩 반복된다) 공기에 노출되기에 껍질을 꽉 닫아 수분 증발을 막는다. 이렇게 재갈 물리듯 꽉 닫고 있으니 굴을 입이 무거운 사람에 비유하여 "굴 입 닫듯 한다."라고 한다.

굴은 암수가 따로 있다. 은행나무에 열매가 열리기 전에는 암수 구별을 못하듯이 이놈들도 겉으로는 암수 구별이 되지 않는다. 그러나 굴을 까서 생식소 부분을 터뜨려 흘러나오는 하얀 액을 받침유리에 문질러 보면 암수를 구별할 수 있는데, 문지른 것이 우윳빛이면 수놈이고(정자들이 작아서 우유처럼 보인다) 마들마들하게 작은 알갱이들이 적혈구 모이듯 뭉쳐 있으면 암놈이다.

이때 수놈의 정소액과 암놈의 난소액을 바닷물이 든 비커에 쏟아 붓고 휘저어 두면 희귀한 일이 일어난다. 눈도 없는 굴이 정자, 난자 하나는 제대로 만들어 내는 것이다. 조금 지나 들여다보면 난자, 정자가 수정하고 난할을 하여 몸에 털이 난 담륜자(trocophore)라는, 육안으로 봐도 모양새가 UFO 닮은 유생이 되어 떠다닌다. 암놈 한 마리가 5월에서 8월 사이에 5,000만 개의 알을 뿜어 낸다니(정자 수는 그 몇십 배로 많다) 담륜자도 그 수만큼 생기는 셈이다.

굴은 암놈이 난자를 뿌리면 수놈들이 난자의 냄새를 맡고 단방에 정자를 쏟아 내어 물속에서 수정하는 체외수정을 한다. 이렇게 생물들은 다 살게 마련이니 그저 신비로울 뿐이다. 굴과 비슷한 놈들인 민물조개들은 체내수정을 하는데 그것은 담수는 비중이 낮아 난자, 정자가 물에 뜨지 못하고 가라앉는 데에 원인이 있다.

담륜자는 피면자(veliger)가 된 후 2주일 가까이 지나면 떠다님을 멈추고 바닥에 가라앉는다. 그리고 돌이나 바위, 조갑지에 달라붙어 그 자리에서 평생을 보낸다. 바로 이 유패가 종패이다.

굴의 수정 시기인 5월에서 8월까지는 굴에 난자, 정자가 가득해 굴맛이 나지 않기에 이 시기에는 굴을 날로 먹지 않는다. 실은 복어 알에 독이 있듯이 굴에도 소량이기는 해도 독이 있어 씁쓰레한 맛이 나기 때문이다. 미물도 이렇게 종족 보존을 위해 별의별 장치를 다 마련해 놓고 있으니 이 또한 재미있다.

아무리 작은 은혜도 잊지 못한다는 말을 "굴 껍질 하나를 먹어도 동정호를 잊지 않는다."라고 한다(여기서 동정호는 중국 후난성 북부에 있는 큰 호수인데 글귀로 봐서는 굴이 그곳에도 살고 있는 모양이다. 그렇다면 호수의 물이 짜지 않은가 싶다. 그러나 아직 그곳을 못 가 봐서 확실치는 않다). 하룻밤을 함께 자도 만리장성을 쌓는다고 하던가.

우리나라에 서식하는 굴은 필자가 쓴 『원색 한국패류도감(原色韓國貝類圖鑑)』에 9종으로 기재되어 있는데 토굴, 태생굴은 크고 우리가 보통 먹는 참굴은 작다. 굴도 사는 장소에 따라 크기 변이가 심하다.

우리는 흔히 해물은 모두 날로 먹어도 된다고 생각하고 있다. 짠물에 사는 놈들은 기생충이 없을 것으로 믿기 때문이다. 그러나 그렇지 않다. 굴에도 사람에게 기생하는 기생충이 있다는 것이 근래 밝혀졌다. 그 기생충 이름은 '참굴큰입흡충'으로 길이가 0.5밀리미터 정도로 눈에 겨우 보일 정도로 작다. 주로 서해안 일부 지역에서 발견되는데 사람 몸의 작은창자에 기생하여 배탈, 설사를 일으킨다고 한다.

"구더기 무서워 장 못 담그겠나."라며 혹자는 그것 무서워 그 맛있는 생굴을 못 먹겠나 하겠지만 몸이 약한 사람들은 삼가는 것이 옳다. 바다 생물에도 기생충이 있을 수 있는 것은 그 짜디짠 간장에도 파리 가시인 구더기가 생기는 것에서 알 만하다. 생물들의 생명력은 이렇게 엄청나게 질기디질기다.

굴이 예부터 중요한 단백질원이었다는 사실은 바닷가 마을 근방에서 발견된 많은 조개더미에서 확인할 수가 있다. 몇 안 되는 사람들이 살았던 그 시절에는 숭어, 망둥이도 몽둥이로 때려잡고 바다에 나가기만 하면 손바닥만 한 굴도 딸 수 있었으니 수하식 굴밭 농장은 생각도 안 했을 것이다. 그 시절이나 지금이나 굴은 사람만 먹는 게 아니라 바닷새도 쪼아 먹고 같은 연체동물인 대수리 무리도 그 맛을 즐긴다. 특히 불가사리는 굴 없이는 못 산다.

일본은 섬나라라 바다 생물에 관한 연구만은 우리와 비교가 되지 않는다. 어류나 패류를 잡는 기술은 물론이고 식용하는 방법도 무척 다양하다.

1910년대 일본에서 양계업을 크게 했던 히라세(Hirase) 씨는 간 굴이나 조개 껍데기를 보조 사료로 써서 남보다 좋은 달걀을 많이 생산했다고 한다. 이 일로 그는 패류에 관심을 갖게 되어 양계업으로 모은 돈을 많은 패류학자들의 연구에 투자하였고 그의 투자는 일본 패류학 발전에 밑거름이 되었다. 현재 일본의 패류학이 독보적 지위를 차지할 수 있었던 것도 그 때문이다. 히라세는 일제 때 우리나라에도 몇 번이나 다녀갔다.

곳간이 실해야 뭐가 된다는 말이 있듯이 예나 지금이나 돈이라는 뒷받침 없이 학문에 정진하기는 어려운 일이다. "큰 손의 아량"이란 말이 있다. 어렵게 번 돈을 한손에 꽉 쥐고 체통 없이 자식에게만 넘겨주려는 사람들은 히라세의 교훈을 새겨 둘 필요가 있다. 돈이란 영원히 가질 수 없는 물건으로 살아 있을 때 잠깐 보관했다가 다시 사회로 돌려주는 것으로 해석함이 옳다. '공수래 공수거' 아닌가. 빈부귀천은 물레바퀴 돌듯 하는 것이다.

히라세는 소위 말하는 전문교육을 받지 않은 아마추어 학자이다. 우리나라에도 뒤늦은 감은 있으나 요새 여러 분야에서 아마추어 과학자들이 많이 생겨나 마음이 흐뭇하다. 어느 정도 생활이 안정되면 본업은 아니나 자기가 기필코 하고 싶었던 일을 해 보는 제2의 인생길을 살아 보는 것도 뜻 깊은 일이다.

어느 나라나 과학이 발달한 나라에는 아마추어 과학자가 많았고 그들이 그 분야 학문의 물꼬를 텄다는 점을 강조하고 싶다. 이 말에 귀가 솔깃한 사람이 많으면 얼마나 좋을까. 무엇 하나에 미쳐 산다는 것은 얼마나 멋있는가. 멋은 맛과 통한다. 그러니 또 얼마나 맛깔스런 인생인가. 하나에 미쳐 살아 보자! 많은 '한국의 히라세'를 기대해 본다. 귀, 혀, 머리, 마음만 있으면 뭘 하나. 손발로 실천하자.

해마의 사랑

부부의 단단한 금실을 이야기할 때 흔히 기러기를 예로 든다. 그래서 결혼식에는 기럭아비가 등장한다. 다른 예로는 원앙이 있다. 이들은 모두가 오릿과 새들이다. 그런데 이 새들의 아비와 자식들의 피를 조사하니(핵산의 유사도를 조사하는 것으로 이를 유전자분석이라 한다) 40퍼센트 정도가 가짜라는 사실이 밝혀졌다. 다시 말하면 오리 무리들은 한통속으로 새끼 40퍼센트는 지아비의 자식이 아니고 어미가 다른 수놈과 몰래 흘레붙어 낳은 '후레자식들'이라는 것이다. 어찌하여 철석같이 믿었던 새들까지 이렇단 말인가. 원앙도 기러기도 바람을 피운다니 아연하지 않을 수 없다.

그러나 여기에 정말로 믿어도 될 동물이 있어 소개한다. 이 동물은 새끼를 유전 분석해서 아비의 것과 비교해 봤더니 100퍼센트 똑같았다. 그 동물은 경골어류, 실고깃과에 속하는 해마라는 놈인데 이놈은 철저하게 일부일처제를 지킨다. 미리 이야기하지만 해마는 암놈이 알을 수놈 배에 쏟아 부을 때 수놈이 제 정자를 섞으니 틀림없이 제 새끼라는 것이다. 또 한 번 짝은 영원하다고 믿어 오붓하고 의초롭게 살아간다. 이제 예식장에서는 못 믿을 원앙새 대신 해마아비를 등장시켜야 하겠다.

해마는 세계적으로 지금까지 35종이 알려져 있는데 우리나라에 사는 해마는 가시해마, 해마, 산호해마, 복해마 등 6종이다. 주로 마산, 진해, 제주도 등 남해안에 분포하고 있다. 근래 전북대학교 김익수 교수가 새로운 종 하나를 발표한 것으로 알고 있다.

우리나라 해마 중에서 큰 축에 드는 가시해마는 몸길이가 15센티미터 정도이고 회색을 띤다. 이놈들은 해초가 많거나 산호초가 발달한 야트막한 바닷가에서 사는데 해조류나 산호에 꼬리를 감고 몸을 곧추세워 스쳐 지나치는 작은 생물들을 잡아먹는다. 그래서 꼬리를 휘어감을 대상물이 있는 곳이라야 살 수가 있다. 눈은 앙증맞은 물고기 눈 그대로이고, 작은 등지느러미 하나가 붙어 어류를 닮았고, 등과 옆구리에 수많은 돌기가 돋아 있다. 머리는 우스꽝스럽게도 말대가리를 닮았다.

해마는 대롱 같은 주둥이를 길게 뻗어 새우, 작은 고기, 게의 유생 등을 잡아먹고 산다. 다른 동물이 그렇듯이 이 딱딱한 주둥이는 중요한 무기가 되기도 한다. 우리나라에는 몇 종 되지 않으나 동양에서는 필리핀, 태국 등지의 근해에 다수 서식한다고 한다.

해마는 작은 놈은 2센티미터밖에 안 되지만 큰 놈은 20센티미터를 넘는다. 앞에서 이야기한 것처럼 아비가 몸을 지탱하는 살주머니인 육아낭을 가져 어미 대신 새끼를 키우는 특이한 습성이 있다. 어미 배에서 알이 커서 산란기가 되면 암수는 9시간 가까이 알랑달랑 구애 행위를 끝내고 잠깐 동안(수초 동안) 짝짓기를 한다. 알이 정자를 받아 수정되면 암컷은 수컷과 배를 딱 붙여 제 몸의 수정란을 수놈 주머니에 집어넣는다. 조금 있으면 암놈 배는 홀쭉해지고 수놈이 풍선배가 된다. 알 받은 수놈은 주머니 입구를 꽉 닫고 알이 새끼가 되길 스무하루 동안 기다린다. 그 동안에 가까이 살고 있는 암놈은 매일 아침 정해진 시간에 별 탈 없느냐고 수놈한테 문안을 온다.

21일 후에는 수놈 뱃속에서 200여 마리의 새끼들이 꼼질꼼질 아비 배를 걷어차면서 넓은 바다로 나가고 싶다는 강한 신호를 보낸다. 그러면 아비는 단번에 알아차리고 주머니 아가리 끈을 느슨히 풀어 주고 새끼들은 고물고물 한 마리씩 줄지어 빠져나온다. 이틀 후면 아비 배는 공기 빠진 풍선이 되고 만다. 최고 기록으로 1,572마리 새끼가 한배에 들어 있었다고 하나 200마리가 평균이라면 다른 물고기에 비해서 의외로 산란 수가 적다.

그렇다. 사람도 옛날에는 유아들의 생존율이 매우 낮았기에 자식을 계속 많이 낳았으나 요새는 의 · 약학의 발달로 죽는 아이들이 없다시피 하니 너 나 없이 하나 아니면 둘 낳고 만다. 해마도 수정란을 바다에 뿌려 놓아두는 다른 물고기들과는 달리(대부분의 알이 다른 고기에 먹힌다) 뱃속에서 다 키워 내보내니 많은 알을 품지 않게 진화했다고 보면 되겠다. 참 재미있는 생물계의 한구석이다. 새끼가 주머니에서 탈출하고 나면 암놈은 기다렸다는 듯이 수놈에게 또다시 찌그렁이를 부린다. 5~9월 사이좋은 철에는 잇달아 여러 번 새끼를 친다는 것이다. 새끼들은 아직 창자가 작아서 관(管) 모양의 주둥이로 동물성 플랑크톤을 잡아먹고 어미해마로 커 간다.

해마는 어떻게 '혼인 서약'을 지킬까. 확실하다고는 말할 수 없으나 아마도 움직임이 느려서일 것이다. 대부분 사람들이 태어나서 십 리

밖을 못 나가 보고 평생을 살았던 옛날 그 옛날에는 해로하는 부부가 많지 않았는가. 교통이 발달하고 사람이 많아진 요즘에 정사(情事)가 더 잦고 말이다. 개체 수가 그렇게 많지 않아 새 짝 찾기가 어려운 점도 이유일 수 있다. 이것은 결과적으로 다른 놈들과 짝 지을 때 소비되는 에너지를 줄여 준다.

해마들도 텃세를 부리며 산다. 수놈은 느린 반면 암놈은 싸다니는 것을 좋아한다. 암놈 수는 수놈의 백 배인데 이 때문에 암놈의 터가 수놈보다 훨씬 넓다. 그래서 암수는 먹이다툼질을 안 하는 것이다. 수놈은 암놈보다 알록달록 색이 곱고 공격적이며 주위 해초 색에 따라 몸빛이 변한다.

해마의 천적은 큰 물고기나 집게발 가진 게 등이고 극지방에서는 펭귄이다. 그런데 뭐니 뭐니 해도 제일 큰 천적은 사람이다. 사람들은 바다를 메워 해마들이 살 곳을 잃게 하는 것은 물론이고 바다를 오염시켜 해마들을 서서히 죽인다. 이보다 더 괘씸한 일은 해마를 마구잡이로 잡는다는 것이다. 태국에서는 해마를 말려 눈에 고리를 끼어 팔고, 호주 어느 곳에선 요리를 해서 먹는다. 대만, 홍콩에서는 천식, 조루증, 신경통, 식욕부진, 신경쇠약의 약으로 쓰는 것은 물론이고 중국사람들은 최음제로 믿어 "북쪽에는 인삼 남쪽에는 해마"라는 말까지 있었다고 한다. 우리나라 한의학에서는 소화제 정도로나 썼다는 것을 보면 우리나라에는 해마가 많지 않았음을 짐작할 수 있다.

마지막으로 그러면 어째서 해마는 다른 동물들이 하지 않는 아비가 새끼를 키우는 일을 하게 되었을까. 부부 금실이 좋으면 그렇게 되는 것일까? 섣불리 그럴싸한 결론을 내리기는 어려우나 하나의 추정은 할 수 있다. 해마는 워낙 느림보라 주변색과 비슷하게 보호색을 띠어도 더 눈 밝은 큰 물고기들에게 잡아먹혀서 개체 수가 자꾸만 준다. 이것을 보상하기 위해서 계속 새끼를 퍼뜨리지 않을 수 없는 것이다. 그래서 아비가 새끼를 키우는 사이에 암놈은 또 새끼를 밴다. 이런 생태적인 압력이 수놈 배에 주머니를 생기게 하였고 이로 인해 번식 횟수가 늘어났다고 보는 것이다.

어쨌거나 우리는 특유한 부성애를 발휘하는 한낱 미물인 해마한테서 배울 것이 있다면 겸허하게 배워야 할 것이다. 아비의 주가가 최저로 떨어진 지금이라 더욱 그렇다. 사랑은 주는 만큼 받는 것이 아닌가. 죄는 지은 데로 가고 덕은 닦은 데로 간다고 했다. 거듭 말하지만 해마의 자식 사랑을 재음미해 보자!

(이 글은 『내셔널 지오그래픽(National Geographic)』 1994년 10월호에서 발췌한 것이다)

뱀장어와 연어의 회유(回遊)

세상에는 사람의 생각으로 미루어 헤아릴 수 없는 이상하고 야릇한 일이 쌔고 쌨다. 한마디로 불가사의한 것들이 참 많다. 물고기 중에 짠물과 민물을 왔다 갔다 하는 놈들이 있으니 아마도 뱀장어와 연어가 그 대표 어종이리라. 미리 말하지만 뱀장어는 바다에 알을 낳고 연어는 강에 알을 슨다. 뱀장어의 이동부터 보자.

1896년 한 이탈리아 생물학자는 뱀장어새끼가 어미와 생판 다르게 몸이 투명하고 납작한 댓잎 모양이라는 사실을 밝혀냈다. 또 네덜란드 학자는 1905년부터 1933년까지 30년 가까이 고생하여 뱀장어는 산란하려고 강에서 대서양 바다로 이동하고 그곳에서 알이 부화되고 변태한다는 사실을 알아내었다. 여기서 이야기하는 뱀장어는 유럽, 북미산이다. 이 학자는 가을이 되면 뱀장어 성체(成體) 암놈들이 대서양의 중간인 버뮤다 섬 금방 300미터 깊이에 1,200여 개의 알을 낳고(이때 수놈도 같이 가서 정자를 뿌린다) 그곳에서 수컷과 같이 죽는다는 사실도 밝혀냈다. 그 동안 많은 학자들이 가을이면 떼 지어 바다로 내려갔던 그 많은 뱀장어가 영영 돌아오지 않는 그 수수께끼를 풀기 위해 도전장을 던졌다.

산란 장소에서 갓 태어난 새끼('부드러운 머리'라는 별명이 붙은 꼬마 뱀장어)는 천천히 해류를 타고 어미가 살던 고향으로 고개를 돌린다. 이들은 플랑크톤을 잡아먹으며 3년 가까이 되어 바닷가에 도착한다. 이 무렵 몸뚱이가 둥글어지고 지느러미도 생겨 제법 어미를 닮는다. 크기는 성냥개비만 하다. 이때의 뱀장어새끼가 실뱀장어이다.

이렇게 수천 킬로미터를 어렵사리(오는 동안 큰 고기한테 많이 잡아먹히기도 하고) 헤엄쳐 어미, 아비가 지나갔던 하구에 도달하면 새끼수놈은 강으로 조금 올라가서 강물과 바닷물이 섞이는 기수(汽水)에 머물고, 암놈새끼는 곧장 강 위로 내달아 어미가 살던 곳에 가서 자리를 잡고 산다. 5~8년 후 가임기가 되면 암놈은 바다로 내려가다 하구에서 기다리던 수놈과 짝 지어 제 놈들이 태어난 바다로 달려간다.

뱀장어는 뱀을 닮은 몸이 긴 물고기라는 뜻이고 만(鰻)이라 하여 정력에 좋은 것으로도 이름나 있다. 어릴 때 강바닥 큰 바위 밑에 쇠작대기를 넣어 족대로 뱀장어를 잡았을 때 그 요동침은 이무기로 느껴질 정도였다. 어찌나 힘이 센지 족대 코도 뚫을 듯했다. 아마도 요즘 우리나라의 대부분 강에서는 뱀장어 씨가 말랐을 것이다.

우리나라 뱀장어 학명은 *Anguilla japonica*로 일본산과 동일종이다. 몸길이는 1미터 정도인 유럽산보다 조금 작아 70센티미터 정도이다. 그러면 아시아산은 어디에서 알을 낳을까. 늦게나마 이 수수께끼가 풀렸으니 간단히 소개한다.

일본 동경대학교 해양연구소 연구팀이 1973년에 시작하여 18년 동안 천신만고 끝에 산란 장소를 찾아냈는데 필리핀 동쪽 마리아나 군도 근방이다(북위 15도, 동경 140도). 연구팀은 1992년 과학 잡지 『네이처(Nature)』에 이 내용을 밝혔다고 한다. 그 논문의 상세한 내용은 찾아보지 않았으나 뱀장어 생태(이주, 산란, 발생, 성장 등)는 유럽산과 북미산이 다르지 않을 것으로 본다. 만시지탄(晩時之歎)은 있으나 어류학자들이 결국 그 큰 숙제를 풀었다니 그들의 노고에 박수를 보낸다.

우리나라도 매년 2~5월에 목포 등지의 남 · 서해안에 1~3년생 실뱀장어가 올라온다. 이때는 어부들이 한껏 바빠지고 잘하면 한몫 잡는 때이다. 여기서 잡은 흰실뱀장어는 수출도 되고, 양어장으로 옮긴 것은 사료 먹고 커서 장어가 된다. 알고 보면 어부 손에 잡히는 것이 그들에겐 큰 행운(?)이었다.

그물을 피해서 강으로 올라간 놈들은 농약, 기름, 페놀 등에 이제 겨우 여문 뼈다귀가 녹거나 휘어져서 병신이 되는 것은 물론이고 숨막혀 죽을지도 모르기 때문이다. 그놈들 중에 깡 센 놈들은 어미 터를 향해 세차게 꼬리질 하여 상류로 올라채겠지만 불행히도 높은 댐들이 가로막고 있으니 거기서 끝장이 난다. 수구초심(首丘初心), 즉 여우도 죽어선 제 살던 언덕 쪽으로 머리를 둔다는 뜻인데 이 사자성어엔 근본을 언제나 잊지 말라는 교훈이 들어 있다. 뿌리를 찾는 뱀장어가 기특하기만 하다.

연어의 회귀본능은 더 많이 연구되어 있다. 연어는 잡기가 쉬울 뿐더러 맛있고 알이 비싸니 더욱 그랬으리라. 한참 물 따라 오를 때는 몽둥이로 툭툭 때려잡을 수도 있다.

오래 전에 캐나다의 한 생물학자가 연어 치어 5,000만 마리를 방류하여 나중에 1만 1,000마리를 되잡는 실험을 하였다. 새끼들을 내려보낼 때는 일일이 지느러미 일부를 자른다든지 하는 표시를 하였는데 5킬로그램이 넘는 어미가 되었을 때 그 흉터 자국도 엄청나게 커

지리라 예상했기 때문이다. 그리고 실험 결과, 캐나다 서남부 브리티시컬럼비아 주에는 지류가 많았는데도 1만 1,000마리 중에 다른 강으로 간 놈은 한 마리도 없고 모두 제가 떠났던 강으로 돌아왔다.

그러면 여러 해 동안 먼 곳에서 살았던 놈들이(해류도 여러 번 바뀌었다) 어떻게 제자리로 찾아왔을까. 이 문제는 철새들의 이동 비밀과 함께 인간들이 완전히 풀지 못한 큰 숙제로 남아 있다. 지금까지의 연구 결과는 연어는 몸속에 생물시계나 프로그램된 해도(海圖)를 가지고 있고 새들처럼 별자리(밤)나 태양 위치(낮)를 보고 이동한다는 것이다.

어쨌거나 연어는 일단 어미가 살던 강가에만 도달하면 물 냄새를 맡고 살터를 찾아가는 것으로 추정된다. 어느 강이나 나름대로 특수한 냄새가 나는데 그 냄새는 어떤 식물들이 강가에 살며 하천 바닥이 어떤 흙이냐에 따라 다르다. 이제 농약 냄새도 그들이 고향을 찾는 훌륭한 길잡이가 되겠다.

여기서 한 가지 흥미로운 사실은 이런 모천(母川)의 냄새는 알이 부화되기 전에 이미 각인된다는 것이다. 여러 실험 결과를 보면 연어는 알과 정자를 섞어 수정한 후에 부화되지 않은 알을 떠내려 보냈는데도 귀신같이 알고 떠난 곳으로 돌아왔기 때문이다.

세계적으로 연어과에는 연어, 왕연어, 곱사연어, 은연어 등 여러 종이 있는데 우리 동해안에 찾아드는 놈들은 모두가 연어이다. 우리가 알고 있는 송어, 열목어도 이 과에 속한다. 우리나라도 강원도 양양군 남대천에 연어 습성을 연구하고 인공부화하여 내려 보내는 연구소가 있다. 이 연구소에서는 초가을이 되면 남대천 강목에 그물을 쳐 놓고 연어가 올라오는 족족 잡는다. 그리고 잡은 연어의 알을 빼내 젓빛 정자와 혼합하여 수정하고, 어느 정도 키워 바다에 다시 쏟아 붓는다. 잡히지 않고 상류로 올라간 암놈은 지느러미로 모래와 자갈투성이인 땅바닥을 움푹 파내어 알자리를 만들고 8,000여 개의 알을 낳고 살짝 자리를 뜬다. 그러면 수놈은 그 위에 뿌연 씨물을 뿌리고 모래로 덮는다. 그리고 세상에 태어나서 할 일을 다한 연어 암수는 맥이 풀리면서 그만 눈을 감는다. 새끼 까러 올라올 때는 알 낳을 자리 찾는 데만 정신이 팔려 먹는 것도 잊기에 산란 후에는 힘에 부쳐 고통 없이 안락사하는 것이다.

수정된 연어알은 강바닥에서 부화돼 겨울을 보내고, 치어는 다음해 이른 봄 바다에 닿는다. 그리고 작은 지느러미를 흔들면서 멀고 먼 '고행' 길에 오른다. 일본 북해도 틈새를 지나 북태평양에 다다른 놈들은 풍부한 새끼고기들을 실컷 잡아먹고 클 대로 커서 고향을 찾아 나선다. 오는 길은 갔던 길과 조금 다르다. 연어는 북쪽으로 더 올라채어 베링 해 캄차카 반도를 거쳐 사할린 아래를 지나 동해로 달려온다. 이렇게 오가는 데 보통 5년이 걸린다. 제대로 찾아오는 놈은 백에 다섯이 못 되니 고향을 찾은 놈들은 엄청나게 재수가 좋은 것이다.

여기에 산천어 이야기도 덧붙인다. 바다에 사는 송어는 여름이면 산란하러 강으로 오르고, 새끼는 다시 바다로 내려가 사는 놈이다. 그런데 바다로 내려갈 새끼가 거꾸로 찬물이 흐르는 샛강을 타고 올라와 그곳에서 옴쭉달싹 않고 영영 눌어붙어 살기도 하는데 이놈이 바로 산천어이다. 이런 종을 어류학에서는 육봉종(陸封種)이라고 한다. 이런 일이 세계적으로 드문지라 산천어는 보호종이다. 무지개송어는 미국에서 역시 민물에 적응한 종을 수입해 키운 것이다. 요새는 물고기도 잡아먹는 게 아니라 키워 먹는다.

찰거머리의 정(情)

말이 났으니 말이지 정분치고 우리 것만치 찰떡처럼 끈끈한 놈은 다아 없으리라. 미우면 미울수록 싸우면 싸울수록 잠시를 떨어지기가 아깝도록 정이 착착 붙는다. 부부의 정이란 이런 겐지 모르나 영문 모를 찰거머리 정이다.

김유정의 소설 「아내」에 나오는 한 토막이다.

부부란 예나 지금이나 미워하고 싸우면서 살아가는 것이라 애증일로(愛憎一路)란 말이 생겨 났으리라. 사랑이 없으면 미워할 것도 없다는 말과 의미가 비슷하다. 미워하면서 사랑한다는 이중성이 곧 인간의 본성이 아닌가 싶다. 부부간에는 흉허물이 없어 더 그럴까.

아무튼 남에게 달라붙어 괴롭게 구는 사람을 '거머리 같은 놈'이라 하고, 또 한편 여간해서 떨어지지 않는 정을 '찰거머리 정'이라고 했다. 뜻은 조금 다르지만 '찰거머리'와 '안타깨비'란 말이 있다. 둘 다 일이 있을 때마다 착 달라붙어 떨어지지 않는 사람을 일컫는다. 안타깨비란 명주실의 토막을 이어서 쫀쫀하게 짠 굵은 명주를 말하는 것이니 얼마나 질기겠는가.

거머리는 지렁이나 갯지렁이와 함께 환형동물에 속하며 몸에 고리 모양의 몸마디를 여러 개 가지고 있는 것이 제일 큰 특징이다. 거머리는 민물은 물론이고 땅에 사는 종도 있다. 필자가 잘 몰라 그런지는 모르겠으나 우리나라는 토종 거머리 조사가 아직 제대로 되어 있지 않다.

필자는 지리산 자락에서 자란 깡촌놈이라 못자리도 해 보고, 논도 많이 매 보았다. 어린 시절 무논에서 정신없이 어른들을 따라다니면서 논매기 흉내를 낼 때 장딴지가 가렵고 괴이쩍다 싶으면 금세 거머리라는 것을 알아차렸다. 마냥 당해 왔기 때문이다. 그럴 때면 '오늘 또 재수 옴 붙었다.' 속으로 중얼거리면서 논두렁으로 나가 온통 얼굴을 찡그린 채 풀을 뜯어 조심스럽게 거머리를 문질러 떼고는 원한 맺힌 복수를 했다. 거머리들에게 본때를 보여 주고 싶었던 것이다. 치도곤으로는 마음에 차지 않아서 어떤 때는 잔돌로 콩콩 찧어 죽이기도 하고 좀 여유가 있을 때는 뜸들여 가면서 나무 꼬챙이를 얌통머리 없는 똥구멍에 푹 끼워 뙤약볕에 꽂아 두었다. 그런데 이놈은 며칠이 지나도 죽지 않는다. 정말로 독하다.

이야기가 옆길로 빠진 감이 있으나 거머리의 세계도 그렇게 간단치 않다. 거머리의 침샘에서 분비된 히루딘(hirudin) 물질은 피가 응고되는 것을 억제하기에 거머리에 물린 자국에서는 계속 피가 흐른다. 송기와 찔레순 먹고 뼛속에서 만든 적혈구가 아니던가! 모기와 같은 벌레들도 피를 빨 때 응고되지 않도록 유사한 물질을 침샘에서 분비한다.

걸 다르고 속 다를 때를 "거머리 속 뒤집힌다."라고 하는데 서양 사람들도 아주 기분 나빠 정나미가 떨어질 때 "You, leech!" 하는 걸 보면 자연을 보는 눈과 마음은 모두 비슷한 모양이다. 거머리는 한자로 水蛭(수질)이고, 영어로는 leech(리치)인데 "stick like a leech."란 거머리처럼 달라붙어 떨어지지 않는다는 뜻이다. 이렇게 거머리는 달라붙어 피를 빠는 '흡혈귀'이기에 남의 돈을 빠는 고리대금업자는 '사람 거머리'인 셈이다.

거머리가 피를 빠는 성질을 이용하여 19세기 유럽에서는 울혈증(피가 너무 많아 정맥이 충혈되는 증세)에 거머리를 썼다고 한다. 큰 대야에 거머리를 여러 마리 잡아 넣고 퉁퉁 부은 발을 담가 피를 빨게 했다니 생각만 해도 다리가 시원해지는 느낌이다. 그래서 그 시대는 거머리 채집과 사육이 크게 유행하였고 영국의 낭만시인 워즈워스는 「거머리 잡는 이(leech gatherer)」라는 유명한 시를 쓰기도 했다.

거머리는 미나리꽝이나 지저분한 물에서 주로 산다. 앞의 유럽 사람들이 어떻게 거머리를 잡았는지 기록은 찾을 수 없으나 아마 그네들도 오랜 경험으로 쉽게 잡는 법을 터득했으리라. 거머리가 사람의 피내음을 맡고 온다고 하는데 그것은 상식 밖의 이야기이다. 실은 배곯은 그놈들이 일정하게 전해 오는 물의 파동을 느끼고 거기에 먹을 것이 있다는 것을 알고 찾아가는 것이다. 그러니 물에 들어갈 필요 없이 언덕 위에 퍼질러 앉아 막장대로 찰싹찰싹 장단 매기면서 물등을 두들기기만 해도 거머리가 물살을 알아차리고 달려온다. 파도가 시작되는 쪽으로 움직인다는 양성주파성(陽性走波性) 성질을 이용하여 거머리를 잡는 것이다. 가는 풀 이파리 같은 놈이 할랑할랑 물위를 스치듯 오는 것(파상운동이라 한다)을 보면 귀엽고 예쁘나 살을 자르는 이빨을 가졌다는 것을 생각하면 주눅이 들고 두렵기까지 하다. 한마디로 덧정 없고 소름 끼친다.

거머리는 빨판이 두 개여서 자벌레처럼 움직인다. 앞 빨판을 물체에 붙이고 뒤의 것을 앞으로 당겨 몸을 구부려 붙이고 다시 앞의 것을 떼어 나아간다. 먹이를 잡았을 때 먹이에 찰딱 붙어 앞 빨판의 예리한 이빨로 상처를 내고 침을 분비하여 피가 엉기는 것을 막은 후 피를 빤다. 사실 우리는 피를 빤다고 하지만 놈들은(모기도 마찬가지이다) 빨아들일 만한 목 힘이 없다. 모기 모가지에 무슨 피를 빨 만한 목줄이 있겠는가. 실은 사람의 실핏줄에 혈압이 있어(대기압보다 압력이 높아서) 가시에 찔리면 피가 솟구치듯이 거머리가 살갗에 작은 상처만 내도 피가 저절로 목구멍으로 흘러들어 가는 것이다. 이렇게 하여 제 몸의 몇 배나 되는 피를 배가 팡파짐하게 먹은 후에 거머리는 슬머시 입을 떼고 야릇한 미소를 지으며 “미안해, 안녕!” 하고 유유히 사라진다.

거머리도 온갖 가녀린 다른 하등동물과 마찬가지이다. 암수한몸으로 난소와 정소를 같이 가져 알과 씨를 만드나 절대로 제 몸뚱어리의 것끼리 수정은 않는다. 다른 놈과 짝 지어 정자를 서로 바꾸니 정말로 지혜롭고 총명한 놈이다.

사람의 제일 큰 특징 하나가 머리에 털이 난 것이라면(그래서 사람을 ‘머리에 털 난 짐승’이라 부른다) 거머리는 모두 몸이 34마디로 되어 있는 점이 유별나다. 크기나 색깔에 관계없이 마디 수가 모두 같고 눈은 3~5쌍이다. 같은 환형동물인 지렁이, 실지렁이, 갯지렁이 들은 눈이 없는데 거머리는 눈을 여러 개 가지고 있는 것도 잘난 점이다.

그런데 거머리뿐만 아니라 모기 같은 벌레에게 물려도 물린 자국이 가렵고 벌겋게 부어오르는데 이것은 왜 그럴까? 거머리만 예를 들면 거머리 침에는 히루딘 같은 혈액응고 방지 물질 외에 실핏줄을 확대해 피가 많이 흘러나오도록 하는 히스타민(histamine)이라는 물질도 들어 있기 때문이다. 따라서 물린 자국이 붉게 부어오르는 것은 혈관이 확대되었기 때문인데 술을 마셨을 때 얼굴이 붉어지는 것도 이런 이유이다. 피가 상처 부위에 많이 흘러야 빨리 낫는 것이라 상처 부위가 붓고 붉어지는 것은 이로운 신체 반응이다. 연고나 물파스를 바르는 것은 혈관을 굵게 하는 이 히스타민의 기능을 억제하는 항히스타민 성분이 약에 들어 있어서이다.

다음은 피의 응고에 관해 이야기해 보자. 출혈이 한 종지 있은 뒤에야 거머리를 떼어 낸 종아리에 피딱지가 생기는 것은 혈액응고 방지 물질인 히루딘이 흐르는 피에 씻겨야 피가 굳어지기 때문이다. 그런데 피는 몸속에서는 굳으면 안 되지만 상처가 났을 때는 빨리 응고되어야 하는 두 얼굴을 가지고 있다. 몸 안에서 피가 굳어져서 그것이 혈관을 막아 피돌기가 안 되면 혈전증이고 상처가 났을 때 피가 응고 안 되는 게 혈우병 아닌가. 고인이 된 닉슨도 핑퐁외교 하느라 만리장성을 오르다 다리 아래에 혈전이 생겨 수술까지 했다.

보통 때는 간에서 헤파린(heparin)이 만들어져서 피의 응고를 예방하지만 자칫 잘못하면 굳어지는 수도 있으니 혈전증은 무서운 병이다. 일단 혈전이 생기면 헤파린 주사를 맞아야 하고 지렁이에서 뽑아 만든 룸브리키나제(lumbrikinase)가 든 약제 같은 것도 복용해야 한다. 지렁이에서 혈액응고 방지 물질을 뽑는다면 거머리의 히루딘도 뽑아 예방약이나 치료제로 쓸 수 있겠다는 생각이 번뜻 떠오른다.

이 글을 쓰다 보니 여학교에서 교편 잡을 때 일이 생각난다. 봄 학기가 되면 걸스카우트 학생들이 수집하는 것이 있었으니 그것이 해진 스타킹이었다. 나중에 알고 보니 농부들이 스타킹을 신고 무논에 들어갔을 때 거머리에게 물리지 않자 그것을 모았던 것이다. 이제는 스타킹 모으기가 없는 것을 보면 살기가 좋아져 스타킹이 흔해서인지 농약이라는 화학탄을 맞아 거머리 씨가 말라 버려서인지 나는 도무지 모르겠다.

햇빛 싫어하는 다슬기

"달팽이 뚜껑 덮는다."라는 속담이 있다. 상대방의 하는 짓이 언짢아 억하심정으로 입을 꼭 다문 채 좀처럼 말을 하지 않을 때를 이르는 말인데, 여기서 발하는 '달팽이'는 땅에 사는 놈이 아니라 물에 서식하는 종이다. 밭 가에 기어다니는 달팽이는 '뚜껑'이 없다. 춘천 근방에서 달팽이라고 부르는 다슬기가 뚜껑을 가지고 있는데, 위험하다 싶으면 얼른 이것으로 입을 살짝 닫아 버린다. 집을 등에 메고 다니는 우렁이도 도둑이 들면 뚜껑을 덮어 버려 우렁이가 집 없는 사람을 놀리는 것도 같고 도둑 맞은 사람들을 비웃는 것도 같다.

다슬기는 춘천 근방에서는 달팽이라 부르고 그 외에도 골뱅이, 물골뱅이, 고둥, 고동, 고딩이, 민물고동, 소래고동, 냇고동, 소래, 배드리, 팽이, 대사리 등 지역에 따라 이름이 아주 다르다. 다슬기라는 표준 이름은 수원, 안양 등 서울 근방에서 불렸다.

다슬기는 구름 낀 날이나 해거름에 주로 잡힌다. 볕 드는 대낮에는 돌 밑으로 기어들어 옴짝달싹 안 하나 밖이 어둑해지면 곰실곰실 기어나와 돌에 옹기종기 붙어 노닐면서 연체동물만이 가지고 있는 치설이라는 혓바닥으로 돌바닥의 이끼(조류)를 핥아먹는다. 다슬기는 근육성인 넓은 발이 있어 손으로 떼는 데 힘이 든다.

다슬기는 물이 빨리 흐르는 곳에서 사는 놈들은 물살을 이기기 위해 생김새가 염주나 구슬처럼 둥글고 물살이 느린 데의 것들은 길쭉하고 껍질이 매끈하거나 껍질에 주름이 나 있다. 이렇게 다슬기는 사는 지역과 장소에 따라 하나같이 모양과 크기가 다르다. 강은 물론이고 제주도, 울릉도에까지 퍼져 사는데 우리나라에는 9종이 보고되어 있다. 가장 흔한 종이 곳체다슬기라는 놈인데 몸이 크고 길며 몸에 굵은 주름이 많다.

잡아 온 다슬기는 손바닥이 아프도록 싹싹 문질러 껍질에 묻은 해감을 여러 번 씻어 낸 후 소금을 넣어 삶는다. 그러면 퍼런 국물이 보기 좋게 우러난다. 국물은 훌훌 마시고 고동 똥구멍은 이빨로 꽉 깨물어 뱉어 내고 입 쪽을 쪽 빨아 당기면 고동살이 목구멍에 부딪힌다. 어금니 사이에서 씹히는 살은 부드럽고 달콤하면서도 씁쓸한 맛이 난다.

다슬기를 한 움큼 입에 털어 넣고 통째로 바싹바싹 씹었던 이빨 좋았던 시절이 새삼 그리워진다. 세월이 화살과 같아 늙정이 다 되어 틀니를 낀 지금은 언감생심일 뿐이요, 달팽이가 바다를 건너는 것에나 비유할 수 있겠다. 아무리 안 늙었다고 우겨 본들 무슨 소용이 있으랴! 가시와 막대를 피해 지름길로 오는 것이 나이인 걸.

집사람은 지난주에도 '골뱅잇국'을 별미로 끓였다. 별미라기보다는 필자가 술독에 빠져 고주망태가 되어 있을 때 스태미나(?)를 재충전시켜 준다고 자주 그 국을 끓여 먹인다. 다슬기를 삶아 깐 알과 풋풋한 거섶(주로 배추나 무청)을 섞어 오래오래 끓인 술국은 속을 시원하게 하고 술 섞인 땀이 술술 흘러나오게 한다. 그래선지 한 사발 먹고 나면 몸이 가뿐하다.

술국을 끓이는 과정을 가만히 볼라치면 집사람은 일단 시장에서 사온 다슬기를 빡빡 문질러 씻어 소쿠리에 받쳐 둔다. 그리고 다슬기들이 아가리를 열고 목을 한발이나 뺄 즈음 다슬기를 펄펄 끓는 물에 쏟아 붓는다. 경험보다 더한 지식은 없다. 집사람은 입이 벌어져 살이 삐져나온 상태로 삶아야 그것을 빼기가 쉽다는 것을 터득한 것이다. 오른손에 쥔 굵은 바늘로(우리가 어릴 때는 바늘도 귀해 탱자나무 가시를 썼다) 살을 콕 찔러 껍질을 오른쪽으로 뱅그르르 돌려 익숙하게 속살을 빼 낸다.

포실한 다슬기 속살을 몇 개 집어 입에 털어 넣으면서 나는 부러 딴청을 부려 본다.

"여보, 이것 먹으니 모래알이 씹히지 않소?"

내 물음에 마누라의 대답은 능청맞다.

"당구삼년 폐풍월(堂狗三年吠風月), 서당개 삼 년에 풍월을 읊는다고 했지요. 나도 달팽이 박사 마누라 된 지 30년이 다 되어 간다오. 씹히는 것은 모래가 아니라 새끼골뱅이가 아닌지요?"

집사람은 어디서 읽었는지 아니면 들었는지 정답을 던진다. 그리고 벙긋한 웃음 지으며 다슬기 까기를 계속한다. 맞다. 먹고 난 국그릇 바닥에도 눈에 겨우 보일 정도로 작은, 똥그란 갈색의 다슬기 새끼들이 남아 있다. 집사람은 패류를 전공하는 남편을 위해 늘상 까고 난 빈 껍질은 모두 비닐봉지에 싸 두는 것도 잊지 않는다.

다슬기는 암수딴몸이라 암수가 짝짓기를 한다. 그리고 암놈의 알

주머니 속에서 발생하고 커서 말랑말랑한 껍질을 가진 새끼가 되어 나오는 난태생 동물이다. 어미 한 마리에 탄산칼슘이 든 껍질을 가진 새끼가 7,000여 마리나 들어 있어 골다공증 환자에게는 다슬기 이상 좋은 것이 없다.

그런데 물살이 센 곳에 사는 염주다슬기나 구슬알다슬기는 알을 낳는 난생이다. 이 다슬기들은 암놈이 돌에 알을 낳아 붙이면 수놈이 서둘러 거기에 정자를 흩뿌려 수정시킨다. 그러면 왜 이놈들은 짝짓기를 하지 않고 체외수정을 하는가. 급류에서 짝짓기 하다가는 알들이 물살에 휩쓸리기 십상이라 그럴 것이라고 결론짓고 보니 탄성이 절로 난다. 야, 다슬기도 저렇게 제가 사는 환경에 기차게 적응하는구나! 물살이 세니 집을 둥글고 매끄럽게 짓는 구슬알다슬기의 지혜는 또 어디서 생겨났을까. 정녕 이놈들 앞에서 내가 '달팽이 눈'이 되는 기분이다. 핀잔을 듣거나 겁이 나 움찔하여 기운을 못 펼 때 달팽이 눈이 되었다고 하지 않던가.

시장에서 파는 다슬기를 아주머니나 아이들이 강가에서 직접 잡은 것으로 생각하겠지만 그렇지 않다. 요새는 품삯이 비싼 데다 수지를 맞출 만큼 잡을 곳도 많지 않다. 시장에서 파는 다슬기는 대부분 의암댐이나 팔당댐 등에서 어부들이 조개긁기로 잡은 것이다. 다슬기 잡은 어부들은 실은 패부(貝夫)라 부르는 것이 마땅하리라. 이들이 잡은 것이 가마니떼기로 서울 경동시장으로 반입되는 것을 보면 아직도 댐 바닥에는 다슬기가 지천으로 널려 있는 모양이다.

지난달 중순에 북산면 추곡리(강원도)로 우리 생물학과 학생들이 봄채집을 다녀왔는데 그곳의 계곡을 아무리 뒤져도 다슬기 코빼기도 볼 수 없었다고 한다. 그 첫 번째 이유는 수온이 낮아서이고 두 번째는 물이 너무 맑아 먹을 게 없었기 때문이리라. 물이 너무 맑으면 물고기가 살지 못한다는데 그런 곳에는 다슬기도 살지 못한다. 이것저것 요모조모 따지고 재고 미주알고주알 밑두리콧두리 캐는 사람은 친구가 없다고 하지 않는가.

그러면 다슬기는 어째서 의암댐이나 팔당댐에서는 떼 지어 무더기로 살고 있는 것일까. 시쳇말로 그 댐들이 '맛이 좀 갔다'는 뜻이 되겠다. 다슬기 먹이인 조류가 많이 번식할 정도로 댐 바닥에 썩을 것이 떡같이 침전되어 있다는 말이다. 패류를 가지고도 강이나 호수의 오염 정도를 가늠할 수 있다. 즉 패류가 오염 지표종(指標種)으로도 사용된다는 뜻이다. 크게 보아 맑은 물에는 재첩이 살고 더러운 물에는 다슬기, 물달팽이, 왼돌이물달팽이 순으로 산다. 제일 오염에 잘 견디는, 아니 오염된 곳이라야 사는 왼돌이물달팽이는 시궁창 같은 물에서도 거뜬히 지낸다.

낙동강 하류의 재첩을 잡아 끓여 아침마다 골목에서 팔던 저 '재칫국'이 역사의 뒤안길로 사라져 버린 이유를 여러분은 감지하고 있을 것이다. 술국으로 최고였던 그 재칫국을 영영 먹을 수 없게 되었으니 참 원통하다. 제가 쏜 화살에 제가 맞은 격이다. 가는 방망이에 오는 홍두깨가 바로 이런 것이리라. 다 자업자득인 걸.

오늘도 김이 모락모락 나는 바다에서 잡아 온 갯고동을 아니 아련한 그리움을 파는 겉늙은 할머니가 시장 어귀에서 쪼그리고 앉아 있을 것이다. 갯고동은 모양이 다슬기와 똑같으나 껍질이 단단하고 훨씬 맛이 좋다. 바다 조개나 생선이 민물 것보다 더 맛있는 이유는 바닷물 농도가 민물보다 짙어 바다 생물들이 고농도의 아미노산을 함유하기 때문이라 한다.

다슬기는 폐디스토마의 제일중간숙주(第一中間宿主)이다. 다슬기 몸속에서 폐디스토마가 복잡한 발생을 하여 세르카리아(cercaria)라는 유생이 되고 이것이 제이중간숙주인 게나 가재에 들어가는데 이것들을 날로 먹으면 폐디스토마에 걸린다. 옛날에는 홍역에 걸리면 해열제로 민물 게나 가재를 아이들에게 날걸로 먹였다니 약 주고 병 준다는 말은 이럴 때 쓰는 것일 게다.

가시고기의 별난 짝짓기

석학 임어당이 "중국의 현대 과학 발전이 늦은 것은 물고기를 보면 관찰은 하지 않고 어떻게 요리해서 잡아먹을까부터 생각했기 때문이다."라고 한 말은 뇌수를 강타하고 얼을 빼는 곱씹어 볼 말이다. 단백질 결핍에 허덕이던 우리 조상들도 통발 놓고 그물 치는 데는 머리를 썼으나, 잡아 놓고 키워 가면서 알 까고 새끼 치는 것을 즐기는 호기심과 여유는 없었다.

지금은 고인이 되셨지만 필자의 은사 최기철 선생님은 생전에 "나는 이승에 할 일이 너무 많아 저승에 가는 것을 연기해 놓았다." 하시면서 민물고기를 찾아 강산을 누비셨다. 그 모습을 보고 젊은 우리는 할 말을 잃을 때가 많았다. 몸소 실천하시는 은사님을 본받아야겠다고 거듭 다짐을 했지만 말이다.

우리나라에 사는 민물고기는 150여 종이 있는데 그 중에 주로 강하구인 민물과 바닷물이 섞이는 기수에서 사는 가시고기 무리가 있다. 경골어류 중 큰가시고깃과에 속하는 이들은 남한에만 큰가시고기, 가시고기, 잔가시고기 3종이 산다. 북한에는 청가시고기, 두만가시고기가 있다니 모두 합쳐 5종이 우리나라에 서식한다. 이 중에서 큰가시고기를 이야기 대상으로 삼겠다.

큰가시고기 등에는 크고 긴 예리한 가시가 3개 우뚝 솟아 있다. 그래서 중국에서는 '삼극어(三棘魚)', 서양인들도 'three-spined stickleback'이라고 부른다. 이 고기는 방추형으로 납작하며, 성어가 되면 전체 몸길이가 7, 8미터로 황갈색에 금속 광택을 낸다. 우리나라 전역에 살고 북한, 연해주, 북미, 유럽 등지에도 산다.

물고기의 세력권과 구애에 관해선 많이 연구되어 있다. 뒤에서 구체적으로 설명하겠지만 영국의 틴버겐(Tinbergen)은 큰가시고기의 산란 습성을 연구하여 노벨상을 받기까지 했고 지금도 세계 여러 곳에서 많은 학자들이 큰가시고기를 연구하고 있다. 큰가시고기의 제일 큰 특징은 수놈이 강바닥에 집을 짓고(다른 가시고기들은 수초에 매달아 짓는다) 암놈을 유인해 알을 낳게 하고 수정한 후 새끼를 기른다는 것이다. 그런데 암놈은 번듯한 '고대광실'을 소유한 덩치 크고 미끈하게 생긴 수놈을 주로 따른다니 사람 속을 들여다보는 것 같아 무척 흥미롭다.

물고기도 제 놀던 물을 좋아한다는데 고기 중에는 연어, 은어, 뱀장어, 가시고기처럼 강과 바다를 들락거리며 사는 놈들도 많다. 큰가시고기는 5, 6월에 산란하고 알은 10여 일이면 부화한다. 큰가시고기는 2센티미터 크기의 치어가 되면 짠 바다로 내려가서 겨울을 지내고 성어가 되면 민물로 다시 올라와 산란하고 죽는 한해살이 어류로 추정된다.

큰가시고기 수컷은 발정기가 되면 모랫바닥의 모래를 먹고 뱉기를 쉴새없이 하여 이틀이면 길이 2센티미터, 너비 5센티미터의 꼬마 웅덩이를 움푹 파 낸다. 그리고 거기에 끈끈한 액을 뱉어 모래를 다진다. 여기서 다진다는 말은 콘크리트처럼 모래 알갱이끼리 달라붙어 굳어지는 것을 말하니 점액은 강력 접착제인 셈이다. 이렇게 초벌바닥일이 끝나면 수컷은 3일째부터는 나무꾼이 된다. 서둘러 솔잎, 지푸라기, 풀뿌리, 해캄, 물풀을 물고 와서 얼기설기 쌓는다. 웬만큼 됐다 싶으면 이번에는 모래로 지붕을 만든다. 큰가시고기는 눈 속여 어름어름 해치우는 부실 공사는 하지 않는다.

수컷은 몇 날 며칠 애써 튼튼한 둥지를 만들었으나 아직 할 일이 하나 남아 있다. 집에 굴을 뚫어야 한다. 집 가를 어슬렁거리다가 됐다 싶으면 순식간에 둥지 바닥 가까이에서 반대쪽으로 몸을 뒤틀어 관통한다. 드디어 완성했다. 신부를 맞이할 굴 뚫린 아담한 새 집을!

발정기가 되면 수놈은 눈은 푸른색, 등은 청색, 배는 선홍색으로 혼인색을 띠고 행동은 거칠고 날렵해지기 시작한다. 집 근처에서 맴돌면서 다른 수놈이 얼씬만 해도 등 가시를 돋우고 달려가 사정없이 쫓아 낸다. 도망 안 가고 해롱거리며 성질 돋우는 놈이 있으면 뭇매질하고 때로는 물어 죽이는 짓도 서슴지 않는다. 실은 물려 죽도록 덤비는 얼빠진 놈도 드물지만. 이렇게 수놈이 집단속 하는 것이 텃세를 부리는 것이요, 세력권을 지키려는 것이다.

이 즈음에는 이놈 저놈 여러 수놈들이 너도나도 집을 짓는데 집과 집 사이가 자로 잰 듯 일정하다. 고기 놈들도 세력권이 중복되지 않도록 하는 지혜를 가지고 있는 것이다. 분쟁을 미리 막도록 말이다. 결코 이것들도 무지몽매하지 않다. 나라도 사람도 제 땅이 있듯이 개도 가시고기도 제 영역이 있다. 큰 싸움 작은 싸움 모두가 땅따먹기 아니던가.

요새 사람들은 동물을 키우는 솜씨가 늘어서 민물고기도 많이 기른다. 가시고기는 물론이고 각시붕어, 납자루, 피라미까지도 관상어로 훌륭한 가치가 있다. 큰가시고기도 구애, 텃세 하는 행위 등을 관찰하기 참 좋은 종이다.

집을 지은 수놈 큰가시고기는 드디어 암놈 '사냥'을 나선다. 수놈은 갖은 애교를 떨어 암놈을 유인한다. 암놈 주위를 빙글빙글 돌다가는 갈 지(之) 자 모양으로 왈츠를 추고 몸비틀기, 물구나무서기 춤도 춘다. 드디어 눈맞은 암놈 한 마리가 뒤따라 오면 정성을 다해서 둥지로 안내하고 집 자랑을 늘어 놓는다. 수놈과 수놈의 솟을대문 집이 마음에 들면 암놈은 살포시 집 안으로 들어가 알 낳을 자세를 취한다. 수놈은 이때를 놓치지 않고 주둥이로 암놈 꼬리 등 쪽을 탁탁 치고 암놈은 이 신호에 따라 알을 50~100여 개 낳고 집을 떠난다(알 낳기에 힘을 다 쏟아 죽고 만다). 수놈은 알이 식기 전에 얼른 들어가 알에다 정액을 뿌린다.

수정란은 열흘 후면 알을 깨고 나와 '눈쟁이' 새끼고기가 되고, 그놈들은 '고기 떼'를 이뤄 집 안에서 플랑크톤을 먹고 자란다. 아비물고기는 입구를 지키다가 잘못하여 밖으로 나온 새끼 놈이 있으면 달음박질하여 태질하고 까탈 부리는 놈들도 달래어 되물어 넣는다. 또 등지느러미를 세차게 흔들어 새 물을 굴속으로 흘러들게도 한다. 뒤치다꺼리는 모두 아비 몫이다. 아무튼 큰가시고기 수컷들의 사랑도 해마아비 못지 않다.

새끼들이 커서 집을 나설 때쯤 아비물고기는 풀숲에서 힘이 빠져 죽어 간다. 영어의 아버지라는 말 'father'에는 '책임을 진다'는 뜻이 들어 있다. 사람 아비들의 얼굴을 못 들게 하는 큰가시고기 아비의 책임감이 더욱 돋보인다.

그러면 앞에서 소개한 틴버겐은 어떤 실험을 했을까. 큰가시고기 암놈이 수놈한테 유인될 때 수놈의 모습, 춤, 혼인색 중 어느 것이 작용했는지 밝히려고 많은 연구를 했다. 큰가시고기와 똑같은 모형을 만들어서 여러 실험을 한 결과 혼인색이 구애 활동에 제일 중요하다는 결론을 얻었다. 즉 가시고기 닮은 모델은 물론이고 딴판인 것에도 배에 붉은색(혼인색)을 칠해 움직였더니 수놈은 달려와서 쪼고 암놈은 유인되더라는 것이다.

틴버겐은 산란하려는 암놈의 꼬리 부분을 작대기로 톡톡 치면 산란을 시작하는 것도 발견하였다. 이렇게 동물들이 가지고 있는 여러 본능을 행동으로 나타나게 하는 요인을 '해발인(解發因)'이라고 한다. 모형 크기나 모양이 아닌 배 쪽의 색깔이, 또 수놈의 부리가 아닌 나무 작대기가 잠재된 본능을 발휘시킨다는 것이다. 새 새끼 주둥이에 꼬챙이가 닿거나 젖먹이 아이 입가에 고무 젖꼭지가 닿았을 때 둘 다 입을 벌리는 것처럼…….

둑중개의 일부다처(一夫多妻)

우리 조상들은 물고기가 어디에 어떻게 언제 알을 낳고 새끼는 어떻게 키우는가 하는 일에는 흥미와 의문을 갖지 않았던 것 같다. 왜 그랬을까. 먹을 것이 없어서 '금강산도 식후경'이라 그랬을까. 그렇지만은 않았을 것이다. 서양 사람들이 자연을 신비롭게 보고 그것에 미쳐 날뛸 때 우리는 자연에 동화되어 살았던 일종의 문화 차이가 아닌가 싶다.

어쨌거나 우리나라가 현대 과학을 본격적으로 연구한 것은 해방 직후로 한국전쟁 때를 빼면 40년 남짓인데 이 짧은 기간에 이만큼 기초, 응용 과학의 기틀을 잡았다는 것은 가상한 일이다. 누가 뭐래도 과학 분야에선 지금이 단군 이래 최고의 황금기라 하겠다. 그래서 한국 과학의 탑 쌓는 데 땀 흘린, 음지에서 활동한 많은 국내 과학자들에게 박수를 보낸다.

그 중 한 사람이 강원대학교 생물학과에서 학위를 받은 변화근 박사이다. 여기서는 그의 학위 논문 중에서 주로 산란 행위만 뽑아 소개하겠다. 연구 대상 물고기는 민물에 사는 둑중개인데 강원도 동해안에서는 '뚝정이'라고 부르는 놈이다. 둑중개의 가장 돋보이는 특징은 일부다처제라는 것이다. 큰 돌 밑에 여러 암놈이 알 덩어리를 붙이면 수놈은 그때마다 사정하여 수정시킨다. 또 다른 특징은 새끼가 깰 때까지 그 알을 지키는 남다른 부성애이다.

둑중개는 냉수성(冷水性) 어류로 유속이 빠른 산간 계류에 주로 서식한다. 남 · 북한강과 동해안 북부에 치우쳐 분포하며(기록으로는 북한에도 산다) 큰 놈은 몸길이가 어른 집게뼘(11센티미터) 정도이다. 머리통이 유달리 크고 가슴지느러미는 길고 넓으며 등지느러미는 앞뒤로 나뉘어 있다. 몸빛은 회색에 가깝고 몸에는 점액이 많다.

미끈한 액을 많이 분비하는 미꾸라지, 뱀장어 같은 물고기들은 흙이나 굴 속에 사는데 이 물고기들은 비늘이 없거나 발달하지 못했다. 이들이 흙을 비집고 들어가거나 굴을 팔 때 비늘이 있으면 다칠 터이니 그렇다. 정말로 기막히게 살지 않는가. 둑중개도 원래는 바다에 살았으나 민물에 올라와 산 육봉형이다. 세계적으로 이 고기와 비슷한 게 40종이 넘는다고 한다.

아무래도 둑중개는 일부다처 하는 놈이라 수놈이 각광을 받을 수밖에 없다. 그래서 다른 물고기처럼 수컷이 암놈보다 덩치가 큰데 특히 큰 주둥이는 공격용 무기로 적합하다. 지느러미도 넓고 길어서 돌이나 바위에 붙은 알에 지느러미질 해서 물이나 산소를 공급하기에도 안성맞춤이다. 수놈은 4월 산란기가 되면 아름다운 혼인색을 내는 것은 물론이고 배 아래 중간에 뾰족 나온 생식돌기, 즉 알에 정조준해서 정액을 뿌릴 수 있는 보기 드문 무기(?)도 가지고 있다. 암수가 이렇게 성적으로 다르게 변한 것을 성적선택(性的選擇)이라고 한다.

하나 더 흥미를 끄는 것은 둑중개를 잡아서 월별로 암수 성비를 조사했더니 항상 수놈 3에 암놈 10의 비율로 나왔다는 것이다. 성비는 ♂:♀(♂/♀)으로 계산하는데 둑중개는 3:10=3/10(0.3)이라 둑중개 수컷 한 마리가 암컷을 세 마리 이상 차지하고 있다는 결론이 나온다. 그런데 지금 우리나라 성비값이 1을 훨씬 넘으니 남자 입장에서 보면 둑중개 세상이 정작 부러울지도 모르겠다. 학자들은 둑중개 집단에서 왜 암놈들이 더 많은지 아직 이유를 찾지 못하고 있다. 분명히 어떤 원인 인자가 있을 것인데 말이다. 둑중개들은 딸을 더 좋아해서 그럴까?

둑중개라는 놈들은 우리가 그냥 마셔도 되는 산소가 듬뿍 든 언필칭 1급수에서 사는 도도하고 청수(淸秀)한 물고기이다. 산이 높아야 골이 깊듯이 강 주변에 숲이 우거져야 물이 맑고 그런 곳에 고기도 모여든다. 무슨 말인고 하니 숲이 있어야 낙엽이 지고, 썩은 유기물에 스며든 낙엽을 물벌레들이 먹고 자라며, 또 이 물벌레들을 먹기 위해 물고기 떼가 몰려온다는 뜻이다.

둑중개 수놈은 산란 때가 되면 물가에서 2.1미터 되는 곳에서 25미터 내려간 곳에 있는, 두께 24센티미터, 둘레 2미터쯤 되는 평평한 바위 밑에 구멍을 파서 자리를 잡는다. 그러고는 굴 밖을 내다보면서 암놈을 기다리는데 때때로 몸을 뒤집어 뒷지느러미로 바위 바닥을 문질러 청소를 해 둔다.

만삭의 암놈이 산란 세력권 안에 나타나면 수컷은 쏜살같이 달려나가 암컷을 산란장 안으로 맞아들인다. 잠깐 암컷과 나란히 서서 눈인사한 후 수컷은 암놈을 몸으로 밀어 올리는 한편 몸을 뒤집어 강렬하게 요동치면서 바위 밑에 찰싹 달라붙는다. 이것을 신호로 암놈도 거꾸로 바위에 달라붙어 곧바로 알 낳기를 시작하는데 암놈은 입을 크게 벌리고 젖 먹던 힘까지 써서 일 분 간격으로 3~4회 나누어 평균 750개의 알을 쏟아 낸다. 알은 하나하나 서로 붙어 덩어리져 있는데 꼭 도루묵 알 같다. 힘 빠진 암놈이 내려앉으면 수놈은 눈 깜짝할 사이에 알 있는 데로 달려가 약 10초 동안 정액을 뿌린다. 오묘하다. 어째서 알 혼자서는 새끼가 되지 못할까.

알을 낳은 암놈은 매정스럽게도 뒤도 돌아보지 않고 굴을 빠져나가 버리고 수놈은 다음 부인을 기다리는데 4마리의 암놈이 차례로 알을 낳는 것도 관찰되었다고 한다. 그런데 이 산란 행위가 반드시 밤 11시에서 새벽 2시 사이에 일어나더라는 것이다. 박사 학위를 따기 위해 하늘에 별이 총총한 한밤중 물소리를 벗하면서 바닥에 엎드려 둑중개들의 사랑 이야기를 엿듣는 변 군의 모습이 처량하기도 하고 대견스럽기도 하다.

아비둑중개는 26일 동안 새끼가 부화될 때까지 지느러미를 흔들어 물을 갈아 주고 가끔 몸을 뒤집어 알 덩이도 청소하는 등 끝없이 바쁘다. 배고프면 알을 몇 개 뜯어 먹고 허기를 달래면서 외롭게 굴을 지킨다. 둑중개는 알의 지름이 2.7밀리미터로 다른 물고기에 비해서 매우 큰 대란형(大卵型)이다. 알이 크다는 말은 산란 수가 적다는 뜻이다. 부화 시간이 긴 반면 치어가 크기 때문에 다른 큰 고기들한테 잡아먹힐 확률은 줄어든다. 조개에 알을 낳는 납줄갱이 무리도 알이 조개 속에 들어 있어 다른 동물에게 잡아먹히지 않기에 350여 개로 알을 적게 낳는다. 사람도 옛날에는 유아 사망률이 높아 자식을 많이 낳아 그 중 몇을 건지는 식이었으나 요새는 생존율이 100퍼센트에 가까워 적게 낳는 것처럼 말이다. 물고기나 사람이나 비슷한 특성을 가졌으니 둑중개를 사람의 거울이라 봐도 무리는 아니겠다.

다음은 성비 이야기를 보태 본다. 열대산인 돔 한 종은 커가면서 모두 암놈이 된다. 그런데 무리 중에 반드시 한 마리는 수놈인데 이 놈을 골라 없애 버리면 암놈들 속에서 한 마리가 재빨리 성전환을 한다. 또 그놈을 들어내 버렸더니 또 한 마리의 수컷이 생기더라는 것이다. 이 실험으로 '모든 동물은 수놈이 되고자 하는 무엇을 갖고 있다'라는 결론을 내렸는데 이것이 옳고 그름을 떠나서 수놈 한 마리의 정자로 여러 암놈의 알을 수정시킬 수 있으니 쓸데없이 수놈이 많을 필요가 없다는 해석도 가능하다고 결론지었다. 이런 점에서 둑중개는 좋은 방향으로 진화한 놈이다.

문제는 우리나라의 성비에 있다. 우리나라는 사내아이가 여자보다 많은 데다 염색체, 초음파 검사다 하여 아들만 골라 낳으니 큰 탈이 나고 말았다. 욕 먹을 소린 줄 알지만 전쟁이나 나면 재조절이 가능할까(학자들 중에는 전쟁은 성비 조절을 위해 하는 것이라 믿는 사람도 있다) 뾰족한 방법이 없다. 앞으로 연상의 여자와 사는 남자가 늘어날 것이고 이마저도 안 되는 생홀아비들은 무서운 일을 저지를지도 모르겠다. 벌써 일기 시작한 저 흉악한 범죄들도 성비 측면에서 해법을 찾아봤으면 하나…….

새끼를 바꿔 키우는 조개와 물고기

땅 위에서 많은 동식물들이 서로 어울려 엎치락뒤치락 먹고 먹히면서 살고 있듯이 강이나 연못, 호수에서도 마찬가지이다. 한시도 조용한 때 없이 큰 놈은 작은 놈을 잡아먹으려고 하고, 작은 것은 큰 것에게 잡아먹히지 않으려고 갖은 꾀를 부린다. 이 치열한 생존 경쟁 현장을 살짝 들여다보자. 이것은 춘천 의암호에 사는 물고기와 조개 이야기(이 분야는 필자와 필자의 제자들이 연구하여 20여 편의 논문을 냈는데 박사 학위 논문만 두 편이 나왔다)이다.

먼저 조개는 물고기 지느러미에 알을 붙이고 물고기는 조개 몸속에 알을 낳는다는 이야기이다. 물고기에게 새끼를 붙이는 의뭉스러운 민물조개부터 보자. 바닷조개(껍질이 두 장인 것을 통틀어 쓰는 말)는 대부분 암수가 따로 있어 암놈이 알을 뿜어 내면 수놈도 때맞춰 정액을 뿌려 물에서 수정하고 부화한다. 새끼는 떠다니면서 플랑크톤을 잡아먹다가 커서는 바닥에서 사는 것이 예사이다.

그런데 민물조개들은 대부분 몸 안에서 수정이 일어나고 바깥아가미(양쪽에 두 장씩 아가미가 있다)가 발생하면 그 속에 들어가 유생이 된다. 어미조개는 호시탐탐 물고기가 지나가기를 기다리고 있다가 다가오면 출수공(出水孔)으로 새끼들을 걸쭉하게 분출해 물고기에게 찰싹 달라붙인다.

해부 현미경으로 보면 밤톨 모양인(육안으로 겨우 보이는) 이 유생들은(조개 한 마리가 10만여 마리까지 품고 있다) 낚시바늘 모양의 갈고리와 로프 같은 실을 가지고 있다. 지나가는 물고기를 이 실로 감아 걸고 딸려 간 유생은 이번에는 예리한 집게 모양의 갈고리로 물고기의 아가미, 지느러미, 눈 위 콧잔등 같은 곳을 찍어 달라붙는다. 제일 많이 붙는 곳이 가슴지느러미이다. 물고기에 붙은 유생은 헛뿌리 같은 돌기를 물고기 조직에 쑥 집어넣고 양분을 빨아먹으면서 기관을 마저 형성한다.

수십 마리의 유생이 다닥다닥 달라붙으면 물고기는 요동을 치지만 불가항력으로 피를 빼앗기고 만다. 유생은 20~30일 동안 기생 생활을 하다가 새끼조개가 되면 적당한 곳에 떨어져 산다. 이 기막힌 생존 전략을 치졸하다고 해야 할까? 아니다! 언젠가는 대리모(代理母)인 물고기에게 은혜를 갚을 때가 오리라.

물고기는 갈고리와 무슨 악연이 있는지 사람 낚시에 꿰이고 조개놈 새끼한테도 당한단 말인가. 필요 충분한 해석은 못 되지만 조개들은 느림보라 어미, 아비 둘레에 새끼를 뿌려 놓으면 어물쩡거리다가 다른 동물들에게 잡아먹힐 것이다. 그러나 굼벵이도 굼불재주가 있다던가. 조개는 활동적이고 기동성 있는 다른 동물에게 새끼를 붙여 멀리까지 퍼뜨리는 방산(放散)을 고안한 것이다.

사실 바닷조개들은 해수의 비중이 높아 새끼를 멀리까지 이동시킬 수 있으나 민물조개들은 비중이 낮아 멀리 못 가고 가라앉는다. 설령 민물조개들이 강물에 뜬다 해도 강 아래로만 이동이 가능하여 물고기에게 붙었을 때처럼 아래위로 이동하지 못한다. 거창하게 이야기하여 민물조개들은 새끼들을 어류에 부착함으로써 넓게 퍼뜨리는, 생존에 유리한 진화를 했다고 해석할 수 있다. 참 영리한 조개들이다. 이런 조개는 전국적으로 11종이나 있는데 의암호에는 대칭이, 작은대칭이, 곳체두드럭조개, 말조개, 칼조개, 도끼조개, 펄조개가 산다. 이 조개들은 껍질이 두껍고 딱딱한 특징 때문에 석패(石貝)라고 부른다. 한 번 더 말하지만 이 조개들은 모두 새끼를 물고기나 다른 동물의 몸에 달라붙여 발생을 한다.

이 조개들의 또 다른 특징은 진주층이 매우 발달하여 양식 진주(인공 진주)의 모패로 사용된다는 것이다. 특히 두드럭조개나 곳체두드럭조개는 어떤 것은 7밀리미터나 될 정도로 껍질이 두꺼운데 이 조개껍데기를 적당한 크기로 동그랗게 갈아서 양식 진주의 핵으로 쓰기도 한다. 옛날에는 이 조개들을 단추 재료로도 썼었다. 그래서 옛날 단추는 잘 깨지고 영롱한 진주 색이 나는 것이 많았다.

이들 패류는 입수공(入水孔)으로 물을 빨아들여 물속에 들어 있는 유기물이나 플랑크톤을 아가미로 걸러 먹는데 이로 인해 호수가 깨끗해지는 것으로 해석된다. 재첩이 가장 깨끗한 물에 살고 석패과가 그 다음이다.

다음은 패류가 어류에게 진 빚을 갚는, 어떻게 보면 어류가 패류에게 신세를 지는 이야기이다. 모든 물고기가 그렇다는 것은 아니고 납줄갱이, 납줄개, 납자루, 납자리, 각시붕어 같은 납자루 무리와 중고기 무리만 그런데 이들 물고기들은 반드시 패류에 산란하는 성질을 가지고 있다. 그래서 이들 물고기가 사는 곳에는 석패과 패류가 반드시 함께 산다.

예쁘지 않은 물고기가 있을까마는 납자루 무리는 특히 색이 곱고 생김새도 귀엽다. 관상어로 안성맞춤이고 넉살도 잘 부려 수조에서 사육하기 더없이 좋은 어종이다. 특히 암놈이 배에서 긴 산란관을 내놓고 수놈이 혼인색을 띠며 또 암수가 다정하게 짝짓기 하는, 5~6월 산란기에 상상을 초월하는 어류 생태도 공부할 수 있다.

그러면 본론으로 들어가 보자. 납줄갱이를 대표 어류로 삼고(종에 따라 생식 활동이 조금씩 다르다) 이야기하겠다. 가능한 한 큰 석패과 조개 여러 마리를 모래, 자갈이 섞인 수초 사이에 심어 놓고 물고기 몇 쌍을 넣어 관찰하면 다음과 같은 결과를 얻을 수 있다. 조개가 없으면 물고기는 산란하지 않는다. 그 물고기들은 수초나 큰 돌을 넣어도 절대로 다른 고기처럼 알을 수초에 붙이거나 돌 밑에 낳지 않는다. 조개껍데기야말로 이 물고기가 산란이라는 본능을 발휘하게끔 자극하는 인자인 것이다.

산란기가 가까워 오면 암놈은 긴 산란관을 빼고 유유히 오간다. 이즈음엔 호르몬 때문에 짙은 혼인색을 띤 수놈도 무척 바빠진다. 암놈을 툭툭 치면서 조개 쪽으로 유인하랴 제가 맡아 놓은 텃자리 조개 둘레에 나타나는 다른 수놈들 쫓으랴 어지러울 정도로 분주하게 설쳐 댄다. 천신만고 끝에 기회를 잡았다. 암놈 한 마리가 따라온 것이다.

암놈이 조개에 접근하여 산란관을 조개 입수관에 집어넣어 잠깐 사이에 알을 낳고 비키면 수놈은 냅다 달려가 사정한다. 뿌려진 정자는 입수공으로 빨려들어 가 조개 몸속에 이미 들어간 어란과 수정이 된다. 조개를 잡아 해부해 보면 아가미 사이사이에서 발생 중인 고무작고무작거리는 물고기 새끼들을 볼 수 있다. 그런데 중고기 무리는 납줄갱이와 달리 출수관에 산란관을 넣고 아가미가 아닌 외투강에서 수정된다. 그리고 유생들은 외투강에서 자란다.

대부분 조개 한 마리에 40여 마리의 물고기 새끼들이 들어 있다. 이 물고기 치어들은 20~30일 동안 대리모 품에서 크다가 몸길이가 1센티미터 정도 되고 몸이 실해지면 세상 밖으로 할랑할랑 달려 나간다. 그때까지 조개는 아가미에 물고기 알이 들어와 발생을 하여 호흡에 큰 지장을 받는다. 한마디로 숨이 찬 것이다. 그러나 다행인 것은 안쪽 아가미에만 들어차기에 생명엔 지장이 없다.

납줄갱이는 다른 어류들과 달리 왜 꼭 조개에만 알을 낳을까. 연역적인 해석이지만 납줄갱이가 새끼들을 껍질이 딱딱한 조개 부화기에서 키워 새끼들이 다른 동물이나 물고기의 밥이 되지 않도록 특별히 적응했다고 본다. 납줄갱이가 낳은 알은 100퍼센트 치어가 되기에 다른 물고기보다 훨씬 적게 알을 낳는다는 것도 우리는 밝혀냈다. 그리고 납줄갱이가 조개에서 자랐기 때문에 일종의 각인 현상으로 조개를 어미로 생각하여 오매불망 꼭 그곳에다 다시 알을 낳는 습성을 가졌다는 사실도 알아냈다. 연어의 모천회귀본능(제가 태어난 강으로 돌아가 산란하고 죽는 것)처럼 이 물고기도 조개에 알을 낳는다는 것이다. 조개에서 나왔으니 조개에만 알을 낳는다!

여기에서 또 하나 짚고 넘어갈 것은 우연찮게도 조개와 물고기의 산란기가 거의 일치한다는 점이다. 물고기가 산란을 하기 위해 조개 근방에 얼쩡거리면 조개는 그것을 알아차리고 갈고리 가진 새끼를 분사시켜 달라붙이고, 때맞춰 물고기도 조개에다 새끼를 친다. 조개는 물고기에게 새끼를 달라붙여 멀리멀리 시집 보내고 물고기는 새끼를 따뜻한 유리관에 넣어 키우니 말 그대로 누이 좋고 매부 좋고

다. 물고기 입장에서는 양분을 빼앗기고 피부가 가려워 부아가 나고 조개는 남의 새끼 품고 있으니 숨이 차고 답답하여 껴 죽을 지경이나 둘 다 자손을 퍼뜨리기 위해 참고 또 참는다. 인고의 미덕은 여기에도 있다.

자연계를 파고들면 이렇게 흥미로운 일들이 많다. 자연계 현상은 한쪽으로만 치우쳐 보면 기생으로 보이나 모두를 곰곰이 둘러보면 공생에 기인한다. 생태계의 한구석을 차지하는 철부지 우리 사람들의 삶도 뚜껑을 열어 보면 그런 관계에 놓여 있다.

어느 책 제목이 『남편은 적인가 동지인가』이던데 사실 남편은 동지이자 적인 카멜레온 같은 존재임에 틀림없다. 아내의 약점을 구석구석 유리알처럼 알고 있는 '적'인 게 사실이나 그렇다고 단단한 금실로 묶인 부부의 고리를 과소평가할 수도 없는 것이다. 부부간에도 이럴진대 모든 인간관계가 기생과 공생으로 이뤄지지 않았겠는가. 조개와 물고기도 더불어 사는 세상이다. 뭇 사람들아, 둥글둥글 어울려 서로 도우면서 '축축하게' 살아 보자. 세상에 상서롭지 않은 것은 하나도 없다.

술 만드는 재주꾼 '효모'

필자가 어릴 때만 해도 집에서 몰래 술을 담가 먹었다. 끗발 좋은 사람들이야 공무원들에게 술독과 누룩이 걸려도 벌금을 내면 그만이었지만 비싼 술도가 술을 사 먹기 힘든 서민들은 공무원들의 눈을 피해 야트막한 뒷산자락에 술독을 숨겨 놓고 먹었다. 이제는 제 술 제가 담가 먹어도 될 만큼 우리 생활이 넉넉해졌으나 그렇다고 어려운 사람이나 못 사는 나라를 내려다볼 처지는 못 된다. 한편으로는 물질적인 가난이 마음까지 지배하면 빈자소인(貧者小人)이 되기 쉬운 법이니 너무 못사는 것도 자랑은 아닌가 보다.

가마솥에 쪄서 메주 모양으로 만든 밀기울을 구들막(방바닥에서 불이 드는 제일 따뜻한 곳)에 띄워 놓으면 누룩곰팡이를 번식케 하는 곰팡이 외에도 공기 중에 떠다니던 효모 포자가 이 밀기울에 달라붙어 더 많은 효모 덩어리를 만드는데 이것이 누룩이다. 이 누룩이 술약이 된다.

효모는 눈에 안 보이는 작은 단세포 균류인데 쉬운 말로 곰팡이 종류이다. 더 상세히 말하면 자낭균(子囊菌)으로 포자주머니(자낭)를 만드는 특징이 있다. 특히 누룩곰팡이는 효모와 같은 자낭균으로 누룩에 있는 솜 같은 균사가 누룩곰팡이의 팡이실이다(효모는 균사를 만들지 않는다). 누룩에는 효모나 누룩곰팡이 외에도 많은 다른 균이 번식하나 술을 만드는 데는 주로 효모가 관여한다고 한다. 이들 균류나 효모의 포자는 우리가 숨 쉬는 공기에도 그득 떠 있다.

술밥은 쌀을 불려 고들고들하게 찌는데, 이것이 지에밥이다. 이 밥을 한참 식힌 후에 술독에 술밥이 빡빡하게 잠길 정도로 샘물을 붓고 누룩가루와 밥을 섞어 위층을 손바닥으로 질벅질벅 쳐서 반반하게 고른다. 그리고 술독을 구들방 불목 쪽에 옮겨 숨통만 빠끔 열어 놓고 헌 이불로 칭칭 감아 둔다. 하루이틀 지나면 거기에서 보글보글 거품이 솟으며 술이 괴기 시작한다(이때 촛불을 독 속에 넣어 보면 바로 꺼지는데 이것은 알코올이 발효될 때 이산화탄소가 나오기 때문이다. 이산화탄소가 나오는 원리를 이용하여 술로 빵을 부풀게도 한다).

이쯤 되면 배포 큰 새앙쥐 놈 광에 드나들듯 엄마 눈치 보며 손가락으로(구멍 내어) 술을 찍어 먹는데 이때는 맛이 향긋하고 달콤하다. 녹말인 찐밥이 누룩 효모가 내놓는 효소 지마아제(zymase)에 가수분해되어 맥아당이나 포도당이 되어 단맛이 나는 것이다. 그러나 하룻밤 더 지나면 어느새 괴든 일도 멈추고 한층 아래로 내려앉고 효모의 또 다른 효소들이 작용하여 술독에서는 술 냄새가 풍겨 나오기 시작한다. 알코올발효가 일어나 에틸알코올이 되었다는 증거이다. 효모는 술밥이 분해되면 나오는 에너지를 이용해 새끼 치고 사람은 술을 얻는 공생이 술독에서도 일어나는 것이다.

이 시절 이렇게 배운 술이 지금까지 두주불사라 무릇 근본이란 탄탄하고 변함없는 것이리라. 군소리 빼고 누룩곰팡이 너와 효모에게 무한한 감사를 보내는 바이다. 그대들이여 참 고맙다. 그대들은 나에게 돈으로도 살 수 없는 그 소중한 추억들을 만들어 주지 않았는가.

술독 아가리에 코를 대어 보면 톡 쏘는 술 냄새가 난다. 독을 서늘한 곳으로 옮기고 푹 삭길 기다렸다가 때가 되었다 싶으면 술꺼풀을 걷어 낸다. 그리고 용수를 꼽아 제주(祭酒)로 쓸 맑은 청주를 먼저 떠내고, 남은 것들은 뒤섞어 물을 조금 붓고 빡빡 문질러 막 거르니 이 술이 막걸리이다. 술을 거르고 남은 찌꺼기가 술지게미이다. 술지게미는 '뱀가루' 사카린을 뿌려 펄펄 끓여 먹었다. 효모가 다 영양분을 빨아먹은 효모 똥인 그 술지게미도 보릿고개가 태산보다 높은 시절에는 밥을 대신했으니 아침에 술지게미 먹은 아이들은 책상 앞에서 술 취해 붓방아질하면서 끄덕끄덕 졸지 않았던가. 생각할수록 가슴이 시려 오는 무척이나 어려운 시절이었다. 세상은 웃다 보면 즐겁고 울다 보면 슬퍼진다니 가슴 메이는 일들일랑 훌렁 벗어 던져 버리고 허허롭게 웃으며 멋스럽게 살아 볼지어다.

술은 마시는 데만 쓰는 것이 아니라 부뚜막 정종병에도 채워 둔다. 신주 단지처럼 모시는 식초병이다. 맑은 식초를 따르고 거기에 따른 만큼 막걸리를 부어 두면 초산균이 초산발효를 일으켜 식초를 만든다. 녹말을 술로 만드는 것은 균류인 효모가 하고 알코올을 식초로 분해하는 것은 호기성세균(박테리아)인 초산균이 맡는다. 이 세균은 호기성(好氣性)이라 산소가 있을 때만 발효를 하기에 초병 뚜껑이 항상 열려 있는 것을 독자 여러분도 보았을 것이다.

술 단지에도 식초병에도 멋쟁이 술파리가 나는데 여기서 말하는 술파리는 초파리이다. 여름철 과일 껍질을 모아 두면 두 눈이 새빨간 야생종 초파리가 숱하게 몰려온다. 그놈들은 술도 빨아먹지만 술이 더 분해된 식초를 더 좋아한다. 그놈들의 눈이 붉은 것은 술을 많이 마셔 취해서는 아니리라. 술파리 중에는 돌연변이가 일어나 흰 눈을 가진 놈 등 여러 종이 있다. 초파리 무리는 고전 유전학의 뿌리였고 꽃이었다. 다른 말로 눈에 겨우 보이는 이놈들이 없었다면 생물학이 존재하지 못했을 것이라는 말이다.

여기서 하나 짚고 넘어가고 싶은 것은 밥과 술, 식초 중 어느 것이 우리 몸에서 먼저 흡수될까 하는 것이다. 앞에서 본 것처럼 다당류인 술밥을 효모들이 가수분해효소로 맥아당이나 포도당으로 분해하였는데 바로 이 과정이 우리가 밥을 먹으면 체내에서 일어나는 현상이다. 다시 효모는 포도당을 더욱 분자 구조가 간단한 알코올로, 초산균을 더 간단한 초산으로 만든다. 간단히 말해서 전자를 알코올발효, 후자를 초산발효라 한다.

사람이나 동물 몸에서는 알코올발효나 초산발효가 일어나지 않는다. 이런 현상은 오직 균류나 세균들만이 갖는 특권이다. 그래서 우리 몸에 식초가 가장 빨리 흡수되고 그 다음이 술이다. 이들은 한마디로 우리 몸에 소화효소가 필요 없는 더 바랄 나위 없는 기막힌 발효 식품들이다. 거듭 말하지만 먹기만 하면 세포에 직통으로 전해진다는 더없이 좋은 식품이다. 부풀려 이야기하지 않아도 연탄가스 즉효약이 식초요, 기절한 사람에게 기를 불어넣어 주는 것이 술 아닌가.

막걸리병을 오랫동안 가만히 놓아두면 병 밑에 두껍게 진한 층이 생기는 것을 봤을 것이다. 그것은 효모가 쌓인 것인데 그것 한 방울을 떠서 받침유리 위에 놓고 현미경으로 들여다보면 수많은 효모가 가득 차 있는 것을 볼 수 있다. 앞에서 말한 누룩에 묻어 있던 효모들이 얼마나 많이 그리고 빠르게 출아법(出芽法)이라는 번식 방법으로 그 숫자를 늘리는가를 알 수 있다. 효모들은 효소를 분비하여 술밥을 소화시키면서 양분을 써서 자기의 개체 수를 한껏 늘린다. 막걸리를 마신다고 하지만 알고 보면 알코올과 효모를 마시는 셈이다. 효모에는 비타민A, D와 무기물이 많아 건강에도 좋다. 생맥주도 효모가 살아 있다.

여기서 여러분의 혼돈을 막기 위해서 한마디 덧붙이면 사람의 몸에서는 녹말이 분해되어 포도당까지 가지만 알코올이나 식초가 되지는 않는다. 다같이 포도당에서 시작하나 사람 세포에서는 해당작용(解糖作用)이라는 과정으로 들어가고 효모는 알코올을 만들게 된다는 것이다. 만일 우리 몸에서만 알코올이 만들어진다면 술을 사 먹을 필요가 없을 뻔하였다. 그러고 보니 손바닥이나 코딱지에 묻어 있는 그 효모들만이 가진 신통한 재주가 있었고 이들이 있었기에 주신(酒神) 바커스도 생겨났으리라.

다시 막걸리고 돌아가자. 누가 뭐래도 막걸리는 앞에서 말한 그런 제조 과정을 밟은 신토불이 음식임에는 틀림없다. 어느 술이나 마시면 소화효소가 필요 없이 바로 흡수되고 모든 세포의 미토콘드리아에서 분해되어 에너지를 내고 열을 발산한다. 그런데 막걸리는 눅은 값으로 마실 수 있을 뿐더러 걸쭉한 효모가 그득 들어 독한 다른 술과는 달리 계속 마셔도 창자가 곧아지지 않는다는 특징이 있다. 막걸리만 마시며 석 달은 살 수 있어도 소주, 양주만 마시고는 열흘도 못 산다는 이야기이다. 얼마나 좋은 술인가!

그런데 이 막거리를 만드는 누룩에는 누룩곰팡이는 물론 여러 종류의 잡균과 효모도 들어 있다. 그래서 술을 만드는 좋은 효모만 순수 분리하여 양조장에서 사용하니 그것이 작은 알갱이로 만든 '술약'이다. 좋은 술이 되는 데는 딱히 맑은 물 이외에도 양질의 효모가 필수적이다.

술술 잘 넘어간다는 뜻이 담겼을 듯한 술을 예부터 약주(藥酒)라고 했듯이 술은 적당히 마시면 콜레스테롤도 줄이고 혈관에 핏덩이가 끼는 혈전증 예방도 된다니 약 중의 약임에는 틀림없다. 그래서 '가장 부작용이 적은 약'이라고 약의 바이블인 『약전(藥典)』에도 적혀 있다고 한다. 요기하면 에네르기도 보충해 주고 심장을 자극하여 피돌기도 촉진시켜 식욕도 돋게 한다니 이런 약은 지금까지 누구도 만들지 못했다.

술기운이 돌면 속에 들어 있던 참마음이 저절로 스며 나오니 이를 취중진언(醉中眞言), 취중진정발(醉中眞情發), 진로(眞露)라 하고 더 마시면 눈에 보이는 것이 없어지니 취중무천자(醉中無天子), 취중무영웅(醉中無英雄)이라고 한다. 또 술 한잔 하고 나면 술김 올라 인심(人心)도 좋아져 좌중에 낯 내어 낯선 사람과 친구도 되니 영력(靈力)을 가진 묘약임에는 틀림없다.

그러나 약도 과하면 독이다. 이것 없이는 한시도 못 사는 알코올 중독자를 만드는 마약으로 돌변하는 것도 술의 야누스적인 면이다. 술이 우리의 생활과 얼마나 밀접하게 얽혀 있는가는 사전을 찾아보면 바로 나타난다. 술꾼, 술망태, 고주망태기, 술고래, 술부대까지는 그래도 보아 주고 이해도 가능하나 술망나니니 '술 먹은 개'에 오면 필자도 고개를 돌리고 싶어진다. 한평생 마시다 보니 그 꼴을 보인 적도 한두 번이 아니었기에 하는 소리이다. 기뻐 한잔, 슬퍼 한잔, 지우(知友)의 성화 독촉에 못 이겨 한잔……. 술이 친구이다. 그래서 급기야 일차 이차 삼차로 신명나게 술집을 쓸고 다니게 된다.

그런데 이 일을 어이할꼬. 다들 거나하게 취해 자리 옮기기 바쁘고 고래고래 고함치고 불똥거리며 흥겨워 하는데 눈에 취기 하나 없이 말똥말똥 해맑은 눈으로 안주만 주워 먹는 사람이 있으니 말이다. 이 사람은 큰맘 먹고 술을 배우려고 아무리 노력을 해도 술은 고사하고 판판이 골 때리는 고통만 당하고 실패한다. 이런 사람이 우리나라에 백에 예닐곱 명꼴로 있다. 이들은 알코올분해효소결핍증인 사람으로 알코올 분해효소뿐만 아니라 알코올이 분해되어 생기는 아세트알데히드(acetaldehyde) 분해효소도 없는 사람이다. 효소는 그것을 만드는 유전인자가 있어야 생기는데 바로 이 사람은 이 유전인자가 없는 것이다. 그래서 술을 못 마시는 것은 가계성인 것으로 이런 사람은 숫제 술 마시기를 포기해야 한다.

생쥐도 술 잘 먹는 놈이 있는가 하면 술 근처에도 못 가는 놈이 있다. 유전인자란 범보다 무서운 것인가 보다. 세상살이에는 비탄이 서려 있다는데 어이하여 그 사람 세포에는 알코올 분해효소가 스며들지 못했단 말인가. 삶의 숨결 하나를 잃어 버렸다고 한다면 너무 술무리를 치켜세우는 일일까. 이랬거나저랬거나 살이에 대한 덧정과 신명 나는 미래의 꿈이 한껏 풍요로운 하루하루를 올망졸망 살아가게 할지어다. 짧은 인생이니까.

앞에서 술을 한 방울도 못 마시는 사람은 가계성으로 분해효소가 세포에 생기지 않기 때문이라고 했는데 반대로 술 없이 못 사는 중독자도 집안 내력이라고 한다. 세포 속의 유전인자를 뽑아 버릴 수도 없고 애달픈 일이다. 그러나 모든 인자는 있다고 나타나는 것이 아니고 외부 환경과 맞아 떨어질 때 나타나는(생물학에서는 '유전자 발현'이라고 표현한다) 것이고 보면 본인도 그렇지만 가족의 끈질긴 노력과 협조가 있어야 하겠다. 최근에 알코올 중독을 치료하는 새 약이 개발되었다고 하는데 기대를 해 본다.

술은 마시면 곧바로 흡수되기에(고량주 같은 독한 술은 입과 목구멍에서도 흡수된다) 한잔 마시자마자 얼굴이 불그레해지는데 그것은 피돌기가 빨라져서 안면의 실핏줄들이 피를 품어 늘어났기 때문이다. 이는 일반적으로 위장이 튼튼하여 빨리 흡수하는 사람일수록 그렇다. 또 독한 술은 덜하지만 맥주나 포도주 같은 알코올 농도가 묽은 술을 마시면 변소 드나드는 시간이 술 마시는 시간보다 더 길어진다. 사람에 따라 다르나 콩팥의 대사기능이 좋은 사람일수록 더하다. 그런데 여기에도 이유가 있다. 어느 술이나 에틸알코올(ethyl alcohol) 주정 외에도 단맛이나 향내를 내는 등 우리 술꾼에게는 비밀(?)인 여러 가지 물질이 들어 있다. 사실 주정 그대로를 먹으면 써서 못 마신다.

그런데 이 비밀 물질들 중에는 소변을 배설하게끔 하는 물질도 들어 있다. 소변 배설량이 증가하는 것은 심장 박동이 증가하고 혈류 속도가 빨라져서 콩팥의 말피기소체에서 빨리 많이 여과되는 데도 원인이 있지만 뇌하수체 후엽에서 나오는 항이뇨호르몬인 바소프레신(vasopressin) 분비를 술이 방해하기 때문이다. 콩팥을 못 살게 족쳐서 물을 뽑아 내니 그렇게 바쁘게 왔다 갔다 하게 되는 것이다. 그렇지 않고서야 한자리에서 어떻게 술 5리터를 단숨에 마실 수 있단 말인가. 아무튼 술장수들의 머리굴림이 참 빠르다. 천 년 묵은 여우도 그 꾀에는 당하지 못한다.

그리고 어느 술에나 들어가는 비밀 물질 중에는 발암물질도 많다는 것은 공공연한 사실임도 알아 두자. 죽이 되든 밥이 되든 그것 무서워서 안 마실 사람들은 아닐 테지만 말이다. 아무튼 술이 있어 이 세상은 즐겁다. 영어의 'spirit'이라는 단어를 찾아보면 마음, 정신, 활기란 뜻 이외에도 알코올이란 의미도 들어 있다. 술은 마음이요, 정신은 술이다?

북쪽으로 고개 숙인 목련화

옛날 하늘나라 임금에게 한 공주가 있었다. 옥같이 흰 얼굴은 아름다웠으며 마음씨 또한 비단결같이 유순하였다. 젊은 청년들은 모두 그 공주를 그리워하였으나 공주는 청년들을 싫어하고, 무섭고 사나운 북쪽의 바다 신을 좋아하였다.

그러던 어느 날 공주는 몰래 왕궁을 나서서 북쪽 바다의 신을 찾아갔다. 그러나 바다의 신에게는 이미 아내가 있었다. 공주는 실망한 나머지 바다에 몸을 던지고 말았다. 바다의 신은 공주가 가여워 양지바른 곳에 장사를 지내 주고 죽은 공주의 명복을 빌기 위해 자기 아내에게 약을 먹여 죽인 후 공주 무덤 곁에 묻어 주었다. 그랬더니 공주 무덤에서는 백목련이, 신의 아내 무덤에서는 자목련이 피어났다. 사랑을 이루지 못한 공주 무덤의 백목련은 모두 신이 살고 있는 북쪽 하늘을 향하고 있었다.

'숭고한 정신'이라는 꽃말을 가지고 있는 목련에 얽힌 이야기를 적어 보았다. 따스한 봄날 잎사귀 하나 없는 나무에 주먹만 한 꽃망울들이 흐드러지게 달려 있는 목련은 나무 그 자체가 하나의 큰 꽃송이 같기도 하다. 정말 탐스럽다.

우리나라에서는 주로 백목련과 자목련을 관상용으로 심는데 이들 목련속(屬)에는 일본목련, 산목련(함박꽃나무), 태산목이 더 있다. 백목련과 자목련은 모두 중국이 원산지이다.

앞의 글을 보면 이 살가운 공주가 북쪽의 바다 신을 좋아해 백목련이 북쪽을 향하고 있다고 했는데 실은 자목련 꽃망울도 북쪽으로 고개를 숙인다. 이 때문에 목련화를 북향화(北向花)라고도 한다. 꽃이 북향하는 특징이 있다는 것을 강조하기 위해서 누군가가 이야기를 잘도 꾸몄다.

그러면 이 꽃들은 왜 남향하는 다른 것과 달리 북향하고 있을까. 꽃 한 송이가 만들어지는 데는 화성(花成)호르몬이, 피는 데는 개화(開花)호르몬이, 커지는 데는 생장(生長)호르몬이 관여한다. 식물 안에서도 이렇게(동물 못지않게) 복잡한 생리 현상이 일어난다.

잠깐 생장호르몬이 하는 일을 보자. 보통 식물은 햇빛이 비치는 쪽(우리나라에서는 남쪽)으로 굽어 자라는데, 이것은 햇빛을 받는 반대쪽(북쪽)에 생장호르몬이 많아져 세포 분열이 빨리 일어나기 때문이고 이런 현상을 해굽성(굴광성)이라 부른다. 그런데 이야기 주인공 목련은 어떠한가. 식물의 일반 특성과는 반대로 햇발이 쏟아지는 쪽이 아닌 그 반대쪽인 북쪽으로 향하고 있는 것이다. 사랑했던 사람이 있는 북쪽으로 향하는 것은(다른 식물과 달리) 달보드레한 햇살을 받는 남쪽에 생장호르몬이 많아 빨리 자라므로 북향하는 것임을 독자 여러분도 이해하였을 줄 안다.

이 소복담장한 여인 같은 청아한 흐드러진 백목련도 언젠가는 지고 만다. 꽃은 지면서 향기를 풍기고 꽃맺이를 남긴다지만 그래도 지는 꽃은 그렇다. 열흘 안에 너부러지는 꽃 이름하여 화무십일홍(花無十日紅)이라, 우리네 인생도 그러하거늘……. 어이 사시장청(四時長靑) 한단 말인가.

오~ 내 사랑 목련화야/그대 내 사랑 목련화야/희고 순결한 그대 모습/봄에 온 가인과 같고/추운 겨울 헤치고 온/봄길잡이 목련화는/새 시대의 선구자요/배달의 얼이로다…… 그대처럼 순결하게/그대처럼 강인하게/오늘도 내일도 영원히/나 아름답게 살아가리…….

4월의 의연한 목련을 볼 때면 반사적으로 흥얼거리는 「목련화」 노래가 아닌가! '추운 겨울 헤치고 온 봄길잡이…….'라는 구절이 특히 마음에 든다. 과연 목련화는 그 찬겨울을 어떻게 헤치고 왔을까.

목련화도 다른 꽃들처럼 어린 꽃봉오리가 들어 있는 꽃눈은 잎눈보다 크고 동그랗고 통통하며 보드라운 솜털에 뒤덮여 겨울 추위를 견딘다. 식물의 꽃눈과 잎눈은 모두가 이렇게 비늘잎이나 솜털 아니면 끈적끈적한 점액에 싸여 월동을 한다니 그놈들도 신통한 재주를 가졌다.

그건 그렇고 어째서 백목련은 희고 자목련은 자주색이며 진달래는 붉고 개나리는 노랗단 말인가. 지금도 두멧놈들은 필자가 어릴 때와 똑같은 경험을 하고 있을 것이다. 보라색 도라지꽃을 따서 거기에 개미를 잡아 넣고 꽃잎 끝을 봉긋 모아 잡고는 "신랑방에 불 켜라, 각시방에 불 켜라." 하면서 흠씬 팔이 아프도록 뒤흔들고 나서는 보라꽃 바탕에 빨간 불들이 켜져 있는 것을 볼 것이다. 그 붉은 점을 신혼 방의 호롱불로 여기면서 자랐던 순진무구한 그 시절이 그리워지는 것은 나이 탓일까. 꽃 속에 갇혀 혼쭐난 개미가 질금질금 싼 오줌이 곧 개미산으로 산성 물질이라는 것을 먼저 이야기해 둔다.

꽃 속에는 꽃의 색깔을 결정하는 안토시아닌(anthocyanin)이라는 물질이 들어 있다. 이 안토시아닌은 세포액이 개미산처럼 산성이면 붉은색을 띠고 알칼리성이면 푸른색을 나타낸다. 이처럼 수소이온농도양에 따라 노랑, 보라, 자주 등 여러 색이 나타나는 것이다. 물론 더 상세하게 설명하면 안토시아닌 이외에도 카로틴, 크산토필이라는 색소도 관계한다.

꽃 색깔이 수소이온농도에 매여 있다는 것을 여러분은 알았다. 그러면 백목련의 꽃은 왜 해맑을까. 흰 꽃에는 안토시아닌이 없을 뿐더러 눈이 희거나 머리카락이 흰 것과 같은 이치가 숨어 있다. 즉 눈송이는 그 안에 공기 틈이 많아 빛의 산란(散亂)으로 하얗고, 흰 머리카락도 털 사이에 공기가 들어 있어 희게 보이는 것이다. 이처럼 흰 꽃도 세포 사이에 공기 틈이 많아 빛이 산란하여 희게 보인다. 흰 꽃을 손끝으로 꽉 눌러 버리거나 눈에 물을 붓거나 하면 흰색이 없어지는 것에서도 공기 때문에 생기는 빛의 산란이 흰색을 나타내는 원인임을 알 수 있다.

먹는 식물 부추만 해도 지역에 따라 정구지, 소풀, 솔 등 방언이 많다. 지방말 중에서 하나를 골라 표준말로 정하여 통용하듯이 세계인이 서로 알 수 있는 이름이 학명이다. 부추의 학명은 *Allium tuberosum*이고 목련은 *Magnolia kobus*이다. 목련의 속명(屬名)인 '*Magnolia*'는 프랑스 식물학자 이름에서 따왔고 종명(種名)인 '*kobus*'

는 일본 말로 '주먹'이라는 뜻이다. 다시 말해서 목련은 꽃이 흐드러지게 크고 주먹 모양이라는 뜻이 학명에 들어 있다.

낙화 유수(落花流水)란 말이 있다. 낙화 유정(落花有情)이요 유수 무정(流水無情)이라, 떨어지는 꽃에는 정(情)이 있으나 흐르는 물에는 정이 없어 즉, 무정이 유정을 흘려 보낸다고 하여 남녀의 정을 비유할 때 쓰는 말이다. 그래서 흐르는 물에 띄워 보낸 꽃잎은 꽃잎이 아니라 사랑이리라. 이렇게 낙화도 유수를 만나건만 갓 피어난 봄꽃에 벌, 나비가 날지 않는다니 말세가 아닌지 모르겠다. 벌이 없어 일일이 손으로 이슬 머금은 배꽃에 붓방아 찧어 꽃가루받이를 시키고 있다니 하는 소리이다. 꽃은 꿀과 꽃가루를 벌에게 주고 벌은 암술 끝에 수술 꽃가루를 묻혀 주는 자연의 공생 법칙이 깨지고 있어 마냥 두렵기만 하다. 꽃술에 나붓이 내려앉는 나비도 보기가 어려워져 간다. 그들이 자연의 지킴이들인데 말이다.

우리나라 사람들은 만개 때보다 반개(半開) 때를 더 좋아한다. 성질 급한 사람들은 한겨울에 진달래, 개나리를 한 묶음 꺾어 방에 놓아 꽃 피게 하기도 한다. 그럼 이 꽃눈은 언제 만들어졌단 말인가.

그렇다. 목련, 진달래, 개나리 꽃들은 모두 지난해 여름부터 늦가을에 걸쳐 만들어지고 야물어져서 엄동설한을 견뎠던 것이다. 봄에 피는 꽃들이 작년에 이미 준비되어 있었다고 하지 않는가. 내일을 준비하지 않고 사는 젊은이들은 딴청 부릴 시간이 없다. 골수를 헤집는 추위를 견디고 이겨 낸 꽃망울이었기에 더욱 맑고 아담한 목련 꽃을 피울 수 있었던 게 아니겠는가. 우리는 그 꽃을 보고 그냥 아름답다고 하지만 한송이 꽃이 피어나기 위해서는 인고의 시간이 있었다는 것을 잊지 말아야겠다. 피땀이 어려 있는 것이다. 성공했다는 사람들이 다 그랬듯이 말이다.

그런데 눈이 부시게 예쁘고 숨 막힐 듯 향기 짙은 꽃들은 모두가 곤충의 도움을 받는 충매화(蟲媒花)들이다. 소나무나 잣나무, 은행나무같이 바람으로 꽃가루를 옮기는 풍매화는 꽃이 작을 뿐더러 향기도 없다. 비 온 뒤 길바닥 고랑이나 웅덩이에 나뒹구는 송홧가루는 물론 물에 사는 식물의 꽃가루는 모두 물이 옮긴다. 어디서나 이렇게 짝지음이 일어난다.

그런데 식물에도 다음과 같은 묘한 일이 일어난다. 제 꽃이나(암술과 수술이 같이 들어 있는 양성화) 같은 그루의 꽃 사이에는 꽃가루받이가 일어나도 씨앗을 잘 맺지 못하니 이를 자가불임성(自家不稔性) 또는 자가불화합성(自家不和合性)이라 한다. 이놈들도 근친결혼(?)이 우생학적으로 좋지 않다는 것을 알고 있다니 참 용하다.

천덕꾸러기 된 보리

필자가 어렸을 때만 해도 이른 봄이면 너 나 할 것 없이 보리논에 나가 보리밟기를 했다. 황새 주둥이 모양에 나무 작대기를 길게 박은 곡괭이로 벼 그루터기를 툭툭 치면서 짚신 신은 발로 부풀어 오른 보리 싹을 질근질근 다져 나갔다. 성에에 보리 뿌리가 치솟은 것을 그대로 두면 바람이 들어 뿌리가 말라빠지니 꼭꼭 눌러 밟아 보리의 뿌리내리기를 도와 주어야 했다. 이렇게 알곡 한 톨에도 신의 은덕과 농부의 피땀이 스며 있다. 음식을 함부로 버리는 사람한테 하는 말이다. 어쨌거나 사오월, 태산보다 높다는 보릿고개를 안 죽고 넘어야 하니 '봄맛'이 아니라 정녕 죽을 맛이었다.

예부터 쌀보다는 보리가 제대로 대접을 못 받았던 모양이다. 하기야 먹어 보면 그놈이 근기(根氣)가 없는 것을 단방에 알 수 있다. 섬유소가 많아서 방귀만 뻥뻥 나오기 예사고. 그래서인지 서투른 바둑을 '보리바둑'이라 하고 윷도 잘 못 두면 '보리윷'이라 한다.

옛날 이야기 하나 덧붙여 본다. 30년이 조금 못 되었으니 옛날이라는 말이 좀 뭣하지만 경기고등학교에서 교편 잡을 때이다. 그때는 '도시락 검사'라는 것이 있어서 도시락밥에 반 이상 보리쌀을 섞지 않은 학생들의 생활기록부 국가관을 빵점 처리하는 것은 물론이고 그 학생들한테 일주일 동안 벌청소도 시켰다. 집에 와서 중닭이 다 된 놈들한테 보리와 쌀을 뿌려 줘 봤더니 웬일인가. 귀신같이 쌀만 골라 먹어 보리만 마당에 알알이 그대로 남아 있는 게 아닌가?

보드라운 보리 속껍질은 쓰임새가 말할 수 없이 많다. 밥, 죽, 떡, 감주, 누룩, 막걸리, 수제비, 된상, 숭늉, 보리차, 빵은 물론이고 보리 등겨는 발효시켜 중국의 춘장 같은 개떡장(겨장)을 만들어 먹었다. 밀가루 뇐찌끼(밀겨)나 메밀 속 나깨(속껍질)는 물론이고 보리겨, 보리 싸라기를 납작납작한 반대기로 만들어 밥 위에 찐 개떡을 먹으면서 허기를 채웠다. 식은 개떡은 군불솥 아궁이에 다시 구워 먹었다.

하나가 빠졌는데 요새도 시장에 나가 보면 이 빠진 소쿠리에 파르스름한 보리를 담아 파는 것을 볼 수 있다. 된장을 풀어 눈 녹은 보리밭에서 뽑은 보릿잎을 넣어 보릿국을 끓여 먹었던 그 화석(化石)인 것이다.

지금 세상이 어느 세상인데 청승맞게 보리죽, 개떡 타령하느냐 하겠지만 "봄바람이 처녀 가슴 트게 하고 품으로 기어든다." 하듯이 옛날 생각이 솔솔 우러나는 것은 아마도 잘 먹어 청승살이 찐 탓이리라. 비싼 밥 먹고 더 비싼 돈 들여 헬스니 스포츠니 하는 죄를 서슴없이 짓는 세상이 되었으니 좋기는 좋다. 그러나 풍년에 거지 굶어 죽는 것 모른다니 주변을 돌아보는 넉넉한 마음도 있어야겠다.

사실 춘천에서는 추워서 보리를 잘 심지 않는다. 구태여 심는다면 봄보리가 될지 모르겠다. 그렇다면 저 북쪽 러시아에서는 보리를 심을 수 없을까. 그것을 가능케 연구한 사람이 생물학계에서 알아주는 리센코(Lysenko)라는 학자이다. 리센코는 봄에 보리를 심어 가을에 개화결실(開花結實)을 하도록 했으니 바로 저온 처리(低溫處理) 또는 춘화처리(春花處理)라는 방법을 이용해서이다. 조금 보태 설명하면 러시아는 너무 추워서 봄보리도 되지 않고 가을보리는 더욱 불가능하다. 그래서 추위에 강한 가을보리를 봄에 심어 봤더니 줄기는 잘 자라나 꽃이 안 피고 피더라도 열매가 맺히지 않았다.

그렇다. 리센코는 가을보리는 일단 겨울이라는 추위를 견디고 나야 열매를 맺는다는 특성을 알아내어 짧은 시간에 냉동 처리를 하면 마찬가지 효과를 얻는다는 사실을 알아냈던 것이다. 그래서 가을보리 씨를 싹 틔어 영하 5도에서 24시간 정도 춘화처리 하여 질펀히 녹은 봄논에 심어 보리를 수확했다.

나중에 세계의 유전학자들에게 혼쭐이 났지만 "체세포의 변화는 유전자를 바꿀 수 있다."라는 리센코설(說)을 발표하기까지 했다. 먹을 것이 없는 동토(凍土)의 나라 그곳에 알맞은 품종을 개량하는 일이 얼마나 중요한가는 이해가 간다.

요즘은 수지가 안 맞는다고 농촌에서 보리도 심지 않으니 잘못하면 「보리밭」 노래도 흥이 나지 않게 될는지 모르겠다. 4, 5월이면 다들 소나무 끝에 원숭이처럼 매달려 소나무 속껍질을 깎아 말리고 논두렁 밭두렁에서 쑥 캐어 가루를 내고 이런 송기와 쑥가루에 맷돌로 간 보릿가루를 섞어 죽을 만들어 먹었으니 그것이 보리죽이냐 송기쑥죽이냐. 아무튼 이 보리에는 민족의 혼이 서려 있고 문화, 역사가 배어 있다.

어릴 때 보리밭은 놀이터로 안성맞춤이었다. 풋풋한 잎에서 풍기는 짙은 봄 내음도 그랬지만 길길이 있는 보리 고랑은 숨바꼭질하기에 좋아 논 주인의 고함 소리에도 아랑곳하지 않고 그곳에서 놀았다. 보리를 쭉정이로 만드는, 곰팡이 일종인 깜부기균이 발병 원인인 깜부깃병에 걸린 보리를 만진 손바닥을 친구 이마빡에 쓱 문지르며 "야, 네 얼굴에 뭐 묻었다." 하고 시치미 떼면서 인디언 놀이도 즐겼다. 가난했기에 이런 재산도 남아 있다. 가난이 재산이라……. 그때는 보리수염이 잔등이 속으로 들어가 껄끄러워도 이를 악물고 타작하였다. 보리밥이나마 배불리 먹을 수 있으니 되레 행복했었다. 보리밥을 배불리 먹을 때 오랜만에 느껴 보는 만복감(滿腹感), 그것이 참기쁨이었다.

보리밥은 바로 지어 먹지 못한다. 일단 삶은 보리를 큰 소쿠리에 퍼 담아 바람 드는 살강 위에 얹어 놓는다. 그리고 때마다 먹을 만큼 떼 내어 감자, 고구마도 섞어 밥을 해 먹었다.

보리밥은 찰기가 없어 밥알이 주걱에도 묻지 않고 따로 논다. 먹어도 까실까실 입 안에서 밥알이 맴돌고 설사라도 만날라치면 밥티가 낱낱이 그대로 쏟아져 나온다. 그러나 그 지긋지긋한 보리밥이 요즘은 바람을 타 보리밥집에 사람들이 몰려든다니 그 맛으로 향수를 달래고 과거를 반추하고 싶은 숨은 욕망 때문이리라.

음식은 골고루 먹어야 건강에도 좋다. 보리밥은 쌀밥보다 섬유소가 많아 창자 운동을 촉진하고 큰창자의 대장균들이 섬유소를 분해하여 비타민K, B 등 영양소도 듬뿍 만드니 성인병이나 각기병(脚氣病) 예방에도 좋다. 필자가 어렸을 때는 채소를 충분히 못 먹어 비타민C 부족으로 잇몸이 헐어 피가 나고 보리밥도 배불리 못 먹어 다리의 기가 빠져 퉁퉁 부어오르고 키까지 짤따라해진 사람들이 많았다.

먹을 게 지천이라 보리밥집을 찾는 우리네는 이제 마음의 건강법에 눈을 돌려야 한다. 사실 필자만 해도 어떻게 하면 곱게 늙어가느냐에 신경을 쏟는다. 곱게 늙는다?-뭐니 뭐니 해도 욕심 그놈이 제일 큰 마음의 독이다. 마음 편하게 먹는 것이 곧 약이니 이보다 더 좋은 처방은 없다(安心是藥 更無方). 굳이 하심(下心)으로 살아가리라.

작은 고추가 더 맵다

키가 작아 오종종하고 졸보로 생긴 사람을 '작은 고추'라 하는데 일반적으로 이런 사람은 작은 키에 대한 보상 심리로 꾀를 부려서라도 '키 크고 묽은 놈'보다 방방하게 위장된 행동을 한다. 그 허장성세에 속아 작은 고추가 맵다고 지레 겁을 먹을 수도 있으니 예부터 사람을 평할 때 신언서판(身言書判)으로 했다는 말은 일리가 있다.

고추는 가짓과에 속하고 학명이 *Capsicum annuum*이며 열대 원산이다. 제일 큰 특징은 맵다는 것이다. 서양 사람들이 아프다, 뜨겁다라고 표현하는 매움은 고추에 든 캡사이신(capsaicin)이란 물질에서 오며 햇살을 받아 익어 갈수록 농도가 짙어져 더 매워진다.

고추는 임진왜란 전후에 유입된 것으로 보이는데 당시엔 당초(唐椒), 번초(蕃椒)라고 불렀다고 한다. 일본 사람들이 조선 사람들 먹고 죽으라고 주었다는 낭설도 있다. 죽으라고 보냈다는 그 고추가 우리 식탁의 주인공으로 자리 잡아 이제 하루도 고추를 안 먹고는 못 배기니 말 그대로 아이러니가 아닐 수 없다.

고추를 우리가 어떻게 먹고 있는가를 주섬주섬 챙겨 본다. 통째로 먹는 풋고추, 고춧가루, 고추씨기름, 풋고추찜, 풋고추볶음, 고추장아찌, 고추적, 고추조림, 고추찌개, 고추김치, 실고추, 고명 등등 우리는 헤아릴 수 없이 다양한 방법으로 고추를 조리해 먹는다. 고춧가루 하나만 봐도 고추장, 김치찌개, 된장국, 소고깃국, 해물탕 등에 넣고 심지어 자장면에까지 뿌려 먹는다. 독자 여러분도 한번 곰곰이 헤아려 보시라.

어째서 귀신도 매워 못 잡수시는(제사 음식에는 쓰지 않으니) 이 고추를 우리는 이렇게 먹어 대는가. 언젠가 『리더스 다이제스트(Reader's Digest)』에 고추 기사가 실렸는데 정정당당하게 한국이 특별 손님으로 초대되었고 세계에서 태국 다음으로 우리가 고추를 많이 먹는 것으로 기술되어 있었다. 그래서 우리가 매운 민족인가?

고추는 나는 곳에 따라 맛과 크기가 다르다. 멕시코의 칠리는 손가락 마디만 하게 작으면서 맵고, 프랑스산 피망은 통통하고 크면서 맵지 않다. 우리나라에도 재래종 하늘고추, 호고추, 청양고추 등 여러 종이 재배되고 있다.

그런데 우리나라의 고추씨를 멕시코에 가져가 심었더니 놀랍게도 사뭇 다른 작은 칠리가 되더라는 것이다. 알고 보면 이상할 것도 없고 놀랄 일도 아니다. 그것이 신토불이라는 것이요, 강남의 귤나무를 북쪽에 옮겨 심었더니 탱자나무가 되더라는 남귤북지(南橘北枳)이다. 사람도 처한 곳에 따라 선하게도 악하게도 되듯이 말이다. 그것이 곧 환경이라는 것이요, 맹모삼천의 교훈도 환경의 중요성을 강조한 것이다.

두 가지 일을 동시에 이룰 때 "뽕도 따고 임도 본다."라고 하지만 세상일이 그렇게 되기가 쉽지 않다. 그러나 고추처럼 이파리와 열매 모두를 먹을 수 있는 것도 있다. 고추 잎사귀는 데쳐서 무쳐 먹고 열매는 앞에서 말했듯이 천태만상으로 먹는다.

내 나이 같은 중늙다리들은 한여름 신작로 가 미류나무 그늘에서 논 매고 점심 먹던 어릴 때 추억을 잊지 못한다. 흠씬 마신 새참 농주도 어느새 바닥이 나 출출한 점심 나절이면 여축없이 저쪽 동네 어귀에서 흰옷 입은 어머님 모습이 눈 안에 든다. 논두렁에 내려진 함지박에는 표표히 흩어져 날아갈 것 같은 고봉 꽁보리밥에 열무김치, 생된장, 풋고추, 마늘장아찌 그리고 냉수 한사발이 담겨 있다. 이 얼마나 푸짐한 메뉴인가.

땅바닥에 퍼질러 앉아 밥 한 숟가락을 입이 째져라 퍼 넣고 짙푸른 풋고추 하나를 햇된장에 푹 찍어 아작아작 씹는다. 풋풋한 내음과 들큼하고 씁쓰름하며 짜릿한 맛을 미처 음미하기도 전에 밥이 그냥 넘어간다. 이럴 때를 혓바닥째 넘어간다고 하던가. 하기야 식탐이 많아서보다 '시장이 반찬'이라 그랬겠지만.

어쩌다가 약이 오른 탱탱한 고추를 먹을라치면 목구멍부터 시작하여 온 입에 불이 붙어 나중에는 머리와 몸이 따로 놀고 어리벙벙해져서 머리만 공중에 붕 뜬다. 침샘은 문을 열어 침을 쫙쫙 쏟아 내건만 그 불을 끄는 데는 시간이 걸린다. 개혓바닥처럼 혀를 내밀어 침을 질질 흘리고 눈물까지 동참하여 물을 뿌린다. 그래도 매운 맛에 중독되면 역치가(閾値價)가 자꾸 올라 더 매운 것이 아니면 풋내 나서 못 먹는다.

풋고추는 비타민C가 귤의 20배이며 유기산과 다른 비타민류, 무기염류 등이 들어 있는 좋은 열매이다. 붉은 고추에는 베타카로틴(β-

carotin, 붉은색은 이 물질 때문에 생긴다)이 많이 들어 있는데 간에서 비타민A로 바뀌어 눈의 활동 등에 쓰인다. 사실 고추에 뭐가 많이 들어 있고 고추가 어디에 좋다고 이 방정을 떨고 있지만 쫀쫀하게 따지면 사과 하나에 딱히 뭐가 들어 있는지를 모르듯이 아직도 고추에 대해선 밝혀지지 않은 것이 더 많다. 어쨌거나 꽁보리밥에는 탄수화물이, 고추에는 여러 요소가, 된장에는 단백질이 분해된 아미노산이 들어 있다 하여 이 음식들이 죽지 않고 연명해 왔던 것이다.

고추장에 얽힌 이야기 하나가 있다. 학생과장이던 5공 때 학생들을 인솔하고 대만을 갔는데 영월이 고향인 한문교육학과 한 여학생은 일주일 내내 대만 음식은 맛도 못 보고 오직 미팡(쌀밥)과 고추장으로 견디는 끈기를 보였다. 정도의 차이는 있었으나 다른 학생들도 그랬고 나도 정말 혼쭐났다.

그래서 마지막 날 특별히 안내된 한국 음식점에서 먹었던 물김치와 풋고추 썰어 넣은 된장찌개 맛을 아직도 잊지 못한다. 그놈의 혓바닥의 '주체성' 하나는 가상하다. 그렇다. 고추는 맛도 멋도 아니요 한국인의 넋이요, 혼이요, 생명인 것이다. 고추 빠진 밥상을 상상하면 더욱 그렇다. 아마 사람은 음식을 눈으로 먹는가 보다.

흔히 불가능한 잔꾀를 부릴 때 "고추나무에서 그네를 뛰고 잣 껍질로 배 만들어 타겠다." 하고 본말이 전도되었을 때를 "고추장이 밥보다 많다." 하는데 살다 보면 배보다 배꼽이, 발보다 발가락이 더 큰 경우도 많다. 앞에서 '고추나무'란 말을 썼는데 썩 옳은 표현이다. 무슨 말인고 하니 우리나라는 추운 지방이라 고추가 한해살이로 끝나지만 열대지방에서는 성인 어른 키보다 더 크게 자라는 다년생 목본식물(木本植物)도 있기 때문이다.

텃밭이 없는 필자는 대문 위에 볼썽사납게(집사람이 하는 소리) 스무 개 넘는 고추 화분을 올려 놓고 물 주고 거름 주면서 정성껏 키운 적이 있다. 꽃망울을 맺고 새하얀 방울꽃이 피었다 사그라진 다음날 아침이면 배꼽에 탯줄 단 꽃맺이가 영글고, 일주일 후면 풋고추를 따 먹었다. 다른 풋것들도 다 그렇지만 새끼고추들은 어미나무에서 젖을 받아먹는 것에 도리질 하고 제 가지고 있는 엽록체로 광합성 하여 영글어 간다. 이글이글 끓어오르는 복더위 열기를 듬뿍 받고 푹 익은 것이 빨간 고추이다.

이 원고를 쓰면서 새삼스럽게 불그레한 고추 하나를 따 와서 가위로 반을 잘라 꽉 찬 주머니 속의 씨를 털어 한더위에 매운내 맡아 가면서 헤아려 보았다. 물경 147개였다. 언젠가 고추씨를 헤아려 보리라 마음 먹었으나 여태 그냥 지나치고 말았다. 얼추 헤아린 민들레 꽃씨알 60개보다 훨씬 많았다.

씨 한 개가 커서 최소한 50개의 주머니가 열리는데 한 주머니의 씨를 150개로 잡으면 7,500(150×50)개이니 적어도 1만여 개의 씨를 맺는다는 말이다. 씨 한 개에서 만 개의 씨를 퍼뜨리니 그놈도 제법 다산질이다. 이렇게 어느 생물이나 종족 보존에 모든 힘을 쏟는다.

고추는 뭐니 뭐니 해도 어린 사내아이의 성기를 상징한다. 서양 사람들은 성기의 심벌을 어른의 그것과 닮은 버섯으로 삼는데 우리는 어린아이의 성기를 닮은 고추로 삼은 점이 흥미롭다. 아무튼 이제는 부정한 사람이 못 드나들게 건너질러 매 놓았던 인줄이 사라진 지 오래되었다.

왼새끼 금줄에 매달았던 빨간 고추는 한 생명의 탄생 이상의 의미를 지니고 있는 게 아니겠는가. 우러름 받는 신물(神物)이었다. 그것이 우리 문화의 한 조각이었다면 고추든 숯이든 솔가지라도 좋으니 사립문이 아닌 아파트문 앞에라도 금줄을 쳐야 옳지 않을까.

뛰는 놈 위에 나는 놈이 있을 때 "고추보다 후추가 더 맵다."라고 하던가. 하지만 뛰는 놈 밑에는 기는 놈도 있을 것이다. 매운 고춧가루를 전쟁 무기로도 썼다는데…….

대관령 감자가 큰 이유

감자는 남미 안데스산맥의 고랭지가 원산지로 인도, 중국, 만주, 간도를 거쳐 19세기 초 조선 순조 임금 때 들어왔다는 기록이 있다. 감자가 없었던 때는 아마도 돼지감자(뚱딴지)를 캐 먹지 않았나 싶다. 감자는 가짓과 식물로 학명은 *Solanum tuberosum*이다. 말방울을 닮아 그랬는지 마령서(馬鈴薯)라 불렀으며 중국 말 감저(甘藷)를 따서 감자라고 부른 것 같다.

식물도 그 특성을 따서 이름을 붙이듯이 지방 사람도 그런데 강원도 사람은 바위 밑에서 꿈적도 않는, 시간이 정지된 오래된 불상이라는 뜻을 가진 '암하노(고)불(岩下老(古)佛)'이라 불렀다. 붙박이로 터 잡고 살아 착하기만 하고 진취성도 없고 어리석다는 뜻이 이 말 속에 들어 있는 듯하다.

근래 와서는 '감자바위'로 바꿔 부르는데 이 말 속에도 사람들이 바위처럼 융통성이 없다는 비꼼이 들어 있는 것 같다. 그러나 이 말들이 인색하고 이기(利己)에 밝다는 '서울깍쟁이'나 제 살이 썩어 문드러지는 것도 모르는 미련한 '경상도 문둥이……' 들보다는 좋지 않은가. 그러니 함부로 감자바위 놀림에 머리털 뾰족 세우고 눈에 불 켤 일만도 아니다. 감자바위, 얼마나 예쁜 애칭인가! 고운 사람 미운 데 없고 미운 사람 고운 데 없다고 다 사람 따라 다르지만.

각설하고, 강원도 대명사인 대관령 감자는 거짓말 안 하고 어린애 머리통만 하다. 어째서 이렇게 목침(木枕)만큼이나 크단 말인가. 원산지가 남미의 높은 산이라 내합(內合)이 맞아서 그럴까. 여기서는 엽록체가 이산화탄소와 물을 빨아들여 포도당을 만드는 이야기를 하겠다.

식물들은 한낮에 이글거리는 햇살을 받아 포도당을 듬뿍 만들고 밤이 되면 그것을 녹말로 바꾸어 뿌리, 줄기, 잎, 열매에 저장해 둔다. 그런데 식물도 살아야 하니 저장한 녹말을 녹여 쓰는 호흡이 일어나는데 밤 온도가 높으면 호흡량이 올라가고 낮으면 떨어진다. 다른 말로 밤에 기온이 올라가면 양분의 소비가 증가하여 저장할 양분이 적어지는데 대관령은 해만 지면 한여름에도 일교차가 커서 호흡량이 감소하므로 감자 덩이에 저장물이 고스란히 그대로 남아 '바위감자'가 되는 것이다. 무, 배추, 당근 같은 고랭지 채소도 이렇게 자란다. 낮광합성으로 벌어서 밤 호흡으로 다 써 버리는 하루살이 인간들은 '강원도 감자'의 알뜰함을 배울지어다.

감자는 부침개, 술, 국수장, 된장, 엿, 떡만두, 탕국은 물론이고 가루, 당면, 알코올 등 쓰임새가 엄청 많다. 긴 세월 우리의 먹을거리였다는 뜻이리라. 필자가 자랄 때 지리산 마루턱인 우리 마을에서는 봄에 감자를 심어 수확하고 곧이어 가뭄을 삭이는 희우(喜雨)가 내리면 때맞춰 나락(벼)을 심었다. 나락을 타작한 후 단비가 촉촉이 내려 땅을 적시면 보리씨를 뿌렸으니 한시도 땅을 놀리지 않았다. 요새 길가에 버려진 노는 땅을 볼 때마다 밭뙈기 한두 뼘 넓히려고 괭이로 밭 귀퉁이의 가시 돋친 검불땅을 쪼던 생각이 문득문득 난다.

우리가 먹는 감자는 뿌리가 아니고 줄기라서 지하경(地下莖)이라 하는데 지하근(根)을 먹는 고구마와 비교해 보면 쉽게 알 수 있다. 감자는 줄기가 곧추서서 자라고 고구마는 바닥을 기어 커 가는 것이 다르다. 또 감자 포기를 쑥 통째로 뽑아 보면 뿌리가 따로 있고 각 뿌리에 매끈한 감자알이 주렁주렁 매달려 올라오는 데 반해 고구마는 넝쿨 끄트머리에도 뿌리가 있고 덩이에도 수염뿌리가 많이 붙어 있다. 그래서 감자는 줄기가 변한 것이고 고구마는 뿌리가 굵어진 것이다. 그것이 그렇게 중요치 않은 것 같으나 과학을 생활화하고 생활을 과학화한다는 점에서는 하늘땅만큼이나 긴요한 대목이다.

고구마는 이빨이나 손톱으로 껍질을 까서 날것으로 먹으나 생감자는 감자 싹에 들어 있는 솔라닌(solanine)이라는 독 때문에 매워 날것으로는 먹지 않는다. 어릴 때 우리는 감자를 먹기 위해서 숟가락으로 껍질을 벗겼다. 한쪽 손아귀에는 감자 알을 움켜 쥐고 다른 쪽 손으로는 숟가락을 비스듬히 쥐고 감자를 싹싹 긁어 벗기면 감자살 물이 얼굴에 튀기도 하였다. 그 사각거리는 감자결에 쇠숟가락이 상현달 꼬라지(꼬락서니)로 닳고 닳아 칼날보다 더 예리하였다.

꽁보리밥도 배불리 먹을 수 없었기에 밥 사이에 주먹감자를 심었는데 이것을 젓가락으로 찍어 먹고 나면 밥엔 조막 구멍이 숭숭 났었다. 보리 반 감자 반인 감자밥에 접질려(남들은 뻔질나게 찾아가건만) 나는 지금도 '거드름 피우는' 보리밥집에 가서도 그 밥만은 절대로 먹지 않는다. 이것도 세월 탓이겠고 멋으로(?) 꽁보리밥 먹는 세상이 올줄은 꿈에도 몰랐다. 우리의 가난이 대물림되는 줄로만 알았다. 그래서 변하지 않는 것이 없다고 했나 보다.

"잔솔밭에서 바늘 찾는다.", "검불밭에서 수은 찾기"라는 말은 어떤 일이 불가능하거나 해도 헛수고일 때를 비유한 것이다. 그러면 땅속에는 감자가 조랑조랑 달리고 줄기 끝에는 토마토가 대롱대롱 열리도록 하는 것은 잔솔밭에서 바늘 찾는 꼴일 수밖에 없을까. 꿩 먹고 알 먹고 돌 하나로 새 두 마리를 잡는 일거양득 하는 일이 그렇게 쉽사리 될까마는 이곳저곳에서 여러 길을 찾고 있는 것이 사실이다.

신문을 보니 감자 줄기에 토마토 순을 접붙여 '감마토'를 만들었다는 기사가 실려 있었다. 무 머리에 소쿠리만 한 통배추가 붙은 '배추무'를 찾아 세계 육종학자들은 오늘도 비지땀을 흘리고 있을 것이다. 이 정도는 아니지만 이미 우리나라도 감자 세포를 따로 떼 내어 조직 배양하여 콩알만 하게 키워 씨감자로 대량 공급하고 있다. 또 많은 유전공학도들은 감자 세포와 토마토 세포를 하나로 합쳐 잡종 세포를 얻어 보려고 애쓰고 있다. 그러나 그렇게 쉽지는 않다.

예전에는 감자 한 알을 반으로 쪼개거나 4등분하여 바소쿠리에 담아 재 뿌린 밭고랑에 흩어 뿌렸다. 그러나 세포배양을 하면 세포 하나에서 씨 하나를 얻을 수 있으니 감자 한 알에서 얼마든지 씨앗을 얻을 수 있다는 엄청난 장점이 있다. 이런 것이 과학의 위력이다. 이 정도의 배양 기술은 우리 생물학과 연구실에서도 기본 실험에 해당된다.

다음 이야기를 여기서 해도 됨 직하다. 역사는 밤에 이뤄진다고 하듯이 생물도 밤에 주로 세포가 분열하고 성장한다. 그래서 세포분열 연구는 밤에 해야 효과가 크다. 아이들은 물론이고 호박 줄기도 낮에는 양분 만들기에 바빠 못 크고 밤에 쑥쑥 자란다. 우리 몸에 생긴 병도 밤에 주로 치료가 된다고 한다. 어째서 예부터 남성의 음낭을 감자에 비유했는지는 모르겠으나 그곳이 사람의 '씨감자'를 만드는 만물의 근본인 씨의 밑자리임에는 틀림없다.

엽록체를 태우는 자외선

"봄볕은 며느리 쬐우고 가을볕은 딸 쬐운다."라는 말은 며느리를 봄 타게 하려는 시어머니의 비뚤어진 마음으로만 치부할 게 아니라 한번 되씹을 만한 가치가 있다고 본다. 사실 우리나라만큼 물이 풍부하고 햇빛이 많은 곳도 드물다. 햇빛이 부족해 반짝 볕만 나도 홀딱 벗어젖히고 살을 태워야 하는 서양 사람들과 달리 우리는 가까운 나들이에도 빼놓지 않고 모자를 덮어 쓴다. 하긴 요새 젊은이들은 빛가리개가 아니라 멋으로 모자를 쓴다지만.

어쨌거나 긴 겨울 동안 빛 못 받고 지내다가 갑자기 센 봄볕을 쪼이면 피부가 금세 탄다. 여기서 탄다는 말은 세포가 죽는다는 뜻이다. 그러면 햇빛의 무엇이 산 세포를 죽이는 것일까? 그 주범은 자외선(넘보라살)이다. 지구를 둘러싸고 있는 오존층(지상 약 10~40킬로미터 부근의 공기층)이 공해 때문에 얇아지다 급기야는 파괴되어 자외선이 술술 새어 들어온 것이다.

자외선은 사람 세포는 물론이고 강이나 바다의 플랑크톤을 죽이고 녹색식물의 엽록체에도 생채기 낸다. 무릇 사람만이 문제가 아니라는 것이다. 어머니 지구가 구박 받고 인간 등쌀에 찢기고 다쳐 만신창이가 되었으니 말이다. "가는 방망이에 오는 홍두깨"란 말은 이런 때 쓰는 것이리라. 뭇매 맞을 소린지 모르나 고소하다는 생각까지 든다.

봄이 왔다고 겨우내 방이나 마루에 두었던 화분을 곧바로 볕 잘 드는 밖에 내놓아 보라. 사람도 타는 판인데 그놈들은 물어볼 필요도 없다. 잎이 빨갛게 다서 말라비틀어지고 만다. 자외선이 햇잎의 엽록체를 죽였기 때문이다. 그러면 어떻게 해야 할까. 사람이나 식물이나 모두 천천히 햇빛에 적응시켜야 한다.

조금씩 자주 햇빛을 쬐면 사람의 살갗에서는 빛을 차단하는 멜라닌 색소가 퍼지고 식물의 표피조직에서는 납(왁스)이나 털이 새로 생긴다. 또 표피조직 자체가 두꺼워져서 표피조직이 엽록체를 자외선에서 보호하게 된다. 노상 하는 소리지만 가능한 한 직사광선을 많이 쐬지 않도록 해야겠고 화분은 응달에 한 달 정도 내놓았다가 볕이 잘 드는 곳으로 옮기는 것이 좋다.

이렇게 이야기가 전개되면 독자 여러분은 자외선을 살생무기 정도로 생각할 위험에 빠진다. 하지만 그렇지 않다. 만일 자외선이 없다면 지구상에는 세균이나 바이러스가 창궐하여 사람들은 설사, 폐병 등 온갖 병으로 한시도 살아남지 못할 것이요, 살아남았다 해도 모두 등 굽은 곱추가 되어 바닥을 불불 기어 다닐지도 모른다. 자외선은 강한 살균력이 있을 뿐더러 사람 피부의 에르고스테롤(ergosterol)을 비타민D로 전환하고 이 비타민D는 뼈를 튼튼하게 해 준다. 이렇게 자외선도 야릇한 칼날의 양면성을 가지고 있다.

녹색식물의 잎이 녹색인 것은 잎 속에 엽록체가 들어 있기 때문이라는 것은 누구나 아는 사실이다. 여기에서 한 발자국 더 나아가 엽록체가 있으면 왜 짙푸르냐고 되물으면 아마 모두가 엽록체가 푸르기에 그렇다고 대답할 것이다. 옳은 대답이다. 그러나 조금 더 바른 답을 찾는다면 엽록체는 다른 빛은 흡수하나 녹색은 반사하기에 우리 눈에 녹색으로 보이는 것이다. 노란색의 꽃은 다른 색은 모두 꽃잎이 흡수하고 노랑 파장만 반사하기에 그렇듯이.

엽록체는 원반 모양인데 한 개의 세포에 여러 개가 들어 있다. 엽록체 속에는 엽록소들과 다른 보조 색소들이 들어 있으며 엽록체는 구조가 매우 복잡한 '화학 공장'이다. 여기에서 공장이란 표현을 쓴 이유는 엽록체가 물과 이산화탄소를 재료로 빛에너지를 받아 산소와 포도당을 만들기 때문인데 이 포도당에는 빛에너지가 화학에너지로 바뀌어 들어 있다.

엽록체는 공장이라기보다 산소와 양분을 만드는 신물(神物)이라 부르는 것이 옳다. 이 어찌 영묘한 창조물이라 하지 않을 수 있겠는가. 재론컨대 저 하늘 오존층이 구멍 나 새어 든 자외선에 식물의 엽록체가 모두 그을려 죽었다고 가정할 때 결국은 빛에너지를 화학에너지로 전환시키는 공장이 타서 없어지는 것이니 지구에는 산소가 없어지고 우리는 굶어 죽고 말 것이다. 볏논에는 벼가 죽고 강, 바다에서는 식물성 플랑크톤이 사라져 버린 지구는 곧 지옥이다. 쌀 한 톨, 고기 한 마리 없는 세상은 상상만으로도 끔찍하다.

그러면 옛날의 어느 대통령처럼 쌀이 없으면 달걀이나 고기를 먹으면 되지 않느냐는 '어리석은' 견해도 있을 것이다. 그렇다면 닭은 무엇을 먹어 달걀을 낳고 소는 또 뭘 먹어 살이 쪘단 말인가. 그들이 먹은 곡식과 풀은 모두 엽록체가 만든 양분이라는 것을 우리는 안다. 이 지구상의 모든 에너지는 태양에서 온 것인데 그것을 화학에너지로 바꾸는 것이 엽록체이다. 이 과정을 광합성(光合成)이라 한다. 생명의 원천 과정인 광합성은 매우 복잡하여 그 원리를 아직도 다 알지 못한다. 지금의 과학이 아무리 날고 긴다고 해도 엽록체와 똑같은 공장은 엄두도 못 낸다. 우리가 우습게 보아 밟거나 꺾어 버리는 저 위대하고 거룩한 창조물, 식물만이 그 공장을 가지고 있는 것이다.

식물의 세포 한 개에 엽록체가 보통 20~100개 들어 있는데 평균 길이는 5마이크로미터(1μm=1/1,000mm), 두께는 2마이크로미터 정도이다. 물론 우리 육안으로는 볼 수 없다. 사람 눈으로는 100마이크로미터밖에 보이지 않으니 어찌 5마이크로미터의 엽록체를 볼 수 있겠는가. 만일 우리 눈이 썩 좋아서 세균이나 공중에 떠 있는 먼지까지 환히 볼 수 있다면 어떤 일이 벌어지겠는가? 독자 여러분의 상상에 맡기겠다.

다시 본론으로 돌아가서 이제 우리나라도 제법 산다고 다들 호들갑을 떨고 있지만 아직도 장작이나 연탄 때는 사람이 많다. 장작이나 연탄이 탈 때 나오는 열이 태양열이라는 것은 유추할 수 있을 것이다. 솔잎의 엽록체가 광합성으로 태양에너지를 화학에너지로 저장해 두었던 것이 장작이 탈 때 나오는 뜨거운 열이 아니겠는가. 그러면 저 연탄에서 나오는 열은 언제 만들어졌고 연탄은 어디에서 왔을까.

옛날 옛날 먼 옛날 공룡도 없었던 약 3억 년 전 고생대 석탄기 때 아름드리 고사리식물이 햇빛을 머금고 번성하여 지구를 덮었는데, 석탄기 말에 지구 껍질이 연거푸 뒤집히는 바람에 이 고사리식물들이 땅속에 파묻히게 되었다. 이것이 돌로 굳어 지금의 석탄이 되었다. 이 석탄을 파내어 검댕 가루로 만들고 여기에 흙을 섞어 스물두 개 구멍을 뚫어 둥글게 찍어 낸 것이 연탄이다. 번개탄으로 불을 붙인 연탄은 방을 데우고 화덕에 넣어 국도 끓인다. 이 연탄에서 나오는 열이 3억 년 전의 태양에너지라는 것을 짐작할 수 있다. 3억 년 전에 살았던 양치식물을 타임머신으로 싣고 와서 물어봐도 그렇다고 답할 것이다. 총명한 지질학자들이 꾀를 부려 알아낸 지구의 역사 기록이니까.

이 지구에 있는 에너지는 어느 하나 태양에서 오지 않은 것이 없다. 전기도 태양에너지요, 기름도 태양에서 온 것이다. 기름은 길고 긴 세월 동안 죽은 원생생물이 쌓이고 쌓여 역시 땅속에 묻혀 눌러져서 생긴 것으로 그 속에는 원생생물의 엽록체가 만든 에너지가 듬뿍 들어 있다. 기름까지도 식물의 엽록체에서 만들어졌다니 반신반의하겠지만 사실은 사실이다.

세상이 많이 변해서 복제 인간을 만들고 식물세포에 동물의 유전인자를 집어넣고 반대로 동물세포에 식물 유전자도 넣는다고 한다. 그럼 사람의 수정란에 엽록체를 만드는 식물 유전자를 삽입하면 온 세포가 엽록체로 가득 찬 녹색인간(광합성 하는 인간)을 만들 수 있지 않을까. 똥물 한사발 마시고 양지바른 묏등에 두 팔 벌리고 누워 햇빛을 쬐고 있는 녹색인간을!

회충도 보호할 때가 됐다

1994년부터 서울 시내 초등학교 아이들은 '똥봉투'를 가져가지 않게 되었다니 이제 '기생충 왕국'에서 '빈국(貧國)'으로 고쳐 불러야 할 판이다. 대학 때 영문 기생충학 책에 쓰인 "기생충을 연구하려거든 한국으로 가라."라는 모욕적인 문장에(사실 그때는 그랬다) 빨간 밑줄을 그어 놨던 것이 엊그제 같은데 말이다. 근래 회충 감염률을 보면 도시 학생들의 경우 5,000명에 1명꼴이고 시골은 10명꼴로 감염률이 아주 낮다. 회충도 이제 역사의 뒤안길로 사라지는가.

회충은 선형동물문(門)에 든다. 학명은 *Ascaris lumbricoides*로 지방에 따라 고충, 회, 거위, 거시, 껄깽이로 부르는데 거시나 껄깽이는 지렁이를 부를 때도 쓰는 말이다.

회충은 페디스토마에 버금가는 복잡한 생활사를 가지고 있다. 암수딴몸이고 다른 하등동물처럼 수놈이 암놈보다 작은데 수놈 꼬리 끝에는 코바늘의 코를 닮은 꼬부라진 교미기가 있다. 작은창자에서 흘레붙어 암놈이 하루에만 물경 20만 개의 알을 낳는다.

알은 대변에 묻어 나온 후 2주일이면 알껍질 속에서 유충으로 발생한다. 손이나 푸성귀에 묻어 입으로 들어온 유생 든 알은 위에서 단백질 효소의 공격으로 껍질이 녹고 새끼는 작은창자로 내려간다. 새끼는 창자벽을 뚫고 혈관이나 림프관을 거쳐 심장에 이르고 폐동맥을 지나 허파에 다다른다. 그리고 허파꽈리를 터뜨리고 숨관을 타고 올라가 식도 위를 지나 제 태어난 작은창자로 돌아온다.

부화한 지 2개월이 지나면 유충은 성충이 되어 또 새끼를 친다. 새끼들이 허파꽈리를 떼거리로 헤집고 나올 때 폐렴이 되기도 한다. 이들 중 어떤 것은 엉뚱하게 뇌로 가기도 하고 목구멍에서 유스타키오관을 타고 귀로 들어가기도 한다. 어째서 이놈들이 이렇게 염통, 허파까지 돌아치는지는 알다가도 모를 일이다. 아무도 그 내력을 알지 못하니 회충에게나 물어볼 수밖에.

대학 시절 기생충 시간에 은사 이주식 선생님께서 어느 날 "자네들 중에 촌충 같은 기생충을 가지고 있거들랑 박멸하지 말고 그대로 가지고 있게나. 곧 국보가 될 걸세."라고 말씀하셨다. 뭘 몰라도 한참 몰랐던 우리는 농담으로 흘려들었는데 기생충도 보호해야 할 시점에 이르렀으니 선생님의 미리 보심에 감탄할 뿐이다.

우스갯소리지만 시집간 큰 딸아이가 중학교를 다닐 때이다. 어느 날 딸아이가 대문에 들어서자마자 다짜고짜 볼멘소리로 "나 오늘 아빠 똥 때문에 창피당했단 말이야." 하면서 자초지종을 물어볼 틈도 주지 않고 제 방으로 쏙 들어가 버리는 것이었다. 그때는 나도 머리 굴림이 제법 빠를 때라 그날 아침 딸아이가 대변을 보지 못해 내 것을 봉투에 넣어 준 것이 생각났다. 그런데 종례 때 "권혜성, 회충 스리 플러스(+++)." 하고 담임 선생님이 발표한 모양이다. 낙엽 구르는 것만 봐도 배꼽을 쥐는 때니 친구들 앞에서 딸아이 입장이 어떠했겠는가.

사실 필자가 고등학교에서 교편을 잡을 때는 별일이 다 있었다. 샛별 보고 집을 나서는 아이들은 똥 누기가 그리 쉽지 않은데 담임 선생이 핏대 올리며 닦달하니 개똥은 물론이고 된장까지 넣어 온 것이다. 학생들은 개의 회충 알과 사람 것이 다르다는 것까지 미처 생각할 겨를이 없었다. 나중에 검사해서 사실이 발각된 학생들은 담임 선생님한테 혼쭐나고 벌청소하기 일쑤였다. 심통이 놀부 같은 담임 선생님!

회충 알 검사는 포화식염수 든 시험관에 변을 콩알만 하게 찍어 넣고 휘휘 저어 하룻밤 재워 뒀다가 맨 위층의 물(식염수에 달걀이 뜨듯 충란도 떠오른다)을 받침유리에 묻혀 현미경으로 관찰하면 된다. 때로는 변을 식접 유리에 으깨 요드 한 방울을 떨어뜨려 관찰한다.

대학 때 일이다. 그때만 해도 기생충박멸협회도 없을 때라 시내 학생들 대변을 모아서 검사해 주고 몇 푼 받는 고상한(?) 아르바이트를 하고 있었다. 누가 뭐래도 생물과 학생다운 부업이었다고 본다. 그런데 어장이 안 되려면 해파리만 들끓는다고 괴이하게도 그날은 어찌 된 판인지 충란은 보이지 않고 온통 배의 석세포(石細胞)만 눈앞을 꽉 채우는 것이 아닌가. 배를 먹을 때 꼭꼭 씹히는 것이 이 석세포이다. 나중에 안 사실인데 필자와 필자의 친구들은 배밭이 많은 S여대생들의 똥 검사를 하고 있었던 것이다. 그곳 여대생들이 하나같이 배를 게걸스럽게 퇴가 나도록 먹어서 변이 그랬던 모양이다.

인체 기생충은 세계적으로 50여 종이 알려져 있다. 우리나라 4대 기생충은 회충, 십이지장충(채독벌레), 편충, 요충이었고 1970년대만 해도 인구의 80퍼센트가 이 기생충들에 감염되어 있었다. 네 기생충에 모두 감염된 사람도 쌔고 쌨었다. 이랑이 고랑되고 고랑이 이랑된다고 하지만 세상 바뀜이 너무 빠르니 현기증이 날 지경이다. 어쨌거나 횟배로 고통 받는 아이들이 없어서 참 좋다.

"나무도 모아 심어야 곧게 자란다." 했던가! 아름다운 숲은 곧은 나무 몇 그루와 몇 포기 풀로 되지 않는다. 머루 · 다래 넝쿨이 칭칭 나무를 감고, 고사리 · 고비가 밑동을 받치고, 썩어 나뒹구는 통나무 속을 흰개미가 파먹고 있어야 한다. 그뿐만 아니라 진딧물, 거품벌레가 나뭇잎을 빨아먹고 새끼개미들이 진딧물 똥구멍을 간질여 단즙을 빨아먹어야 한다. 이렇게 생태계는 기생 혹은 공생하며 미운 놈 고운 놈이 어울려 얽히고 설켜 더불어 삶으로써 튼튼해진다. 잘 들여다보면 사람살이도 이렇다.

만물이 다 제 이름이 있고 제자리가 있다고 하지만 어이하여 회충 놈은 하필 사람의 작은창자에 살터를 잡았단 말인가. 사람과는 기구한 인연(?)이 아닌가. 때로는 놈들이 무리 지어 창자를 막고 뒤틀면서 요동치니 그것이 횟배(장폐쇄)이다. 내 형님은 그래서 일찌감치 담배를 배우셨다. 그뿐만 아니라 이놈들은 수틀리면 항문 밖으로 나오거나 목구멍으로까지 넘어온다. 그 장면은 몽매간에도 잊지 못한다.

그럴 때면 어머니는 외양간에서 휘발유병을 찾아내어 소주처럼 마셨다. 그것이 효험이 있었던지 통시(뒷간) 바닥에는 그놈들이 쏟아져 나와 꼬무락거리고 있었다. 어떨 때는 탄알 깐 화약을 한 움큼 잡수시기도 하셨다. 휘발유나 화약 모두 다 불에 약한 인화성 물질인데 여북하면 그것들을 드셨을까. 지금 생각해도 억장이 무너진다.

팔자 좋은 벌레들은 양분이 몸뚱이 어느 곳으로나(촌충, 십이지장충은 빨판이나 갈고리로 빤다) 들어오니 소화관이 거의 퇴화되어 있다. 한마디로 몸 전체가 생식기 덩어리이고 새끼 까는 기계 구실만 한다. 그런데 희한한 것은 사람 몸에서 강력한 단백질 분해효소가 나오는데 어떻게 회충 껍질이 소화되지 않고 견디느냐는 것이다. 우리 위가 펩신 같은 효소에 녹지 않듯이(위염이나 위궤양 때는 당한다) 이 영물들도 몸에서 항효소를 분비하여 소화효소를 무력화시키는 장치를 가지고 있다. 다 먹고살게 마련인가 보다.

이제는 똥이 '금'이었던 세상과 달라 똥, 오줌을 거름으로 쓰지 않는다. 논밭으로 가서 썩어야 할 것들이 수챗구멍으로 흘러드니 강만 몸살을 앓고 땅에서는 비료, 농약 냄새만 난다. 회충 알도 살지 못하는 땅이 되었다. 지구를 떠날 수도 없고…….

피부호흡하는 지렁이

낮이 제일 길다는 하지 더위를 식히느라 억수 같은 비가 지루하게 오래 내리는 것에 짜증낼 일만도 아니다. 장마 없이 저 뜨거운 뙤약볕이 대지를 데우는 날에는 사람은 다 뜨고 초목도 메말라 비틀어질 것이니 말이다. 다 필요하여 있는 것이니 자연이 하는 대로 불평 않고 사는 것이 정녕 옳다.

그런데 간밤 내내 내리던 장대비가 잠깐 그친 아침결에 마루문을 열고 나갈라치면 놀랍게도 마당에 지렁이가 그득하다. 녀석들이 비가 오니 물 따라 옹실거리며 나왔겠지 아니면 먹을 것을 찾아 밤 여행을 했겠지 생각하겠지만 천만의 말씀이다. 굴속에서 아무 일 없이 지내다가 아닌 밤중에 홍수를 만나 피난 나온 집 잃은 이재민들이다. 추적추적 내리는 비는 땅에 스며들지만 대통비는 단방에 지렁이 집을 쓸어 버린다. 피부호흡을 하는 거생이는 숨이 차 집을 버리고 가까스로 탈출에 성공하였으나 집도 절도 없어 그렇게 마당에 고물거리고 누워 있는 것이다. 시골 같으면 닭, 오리 밥이나 되었겠지만 도

시의 것깽이는 속절없이 땅바닥에서 말라 송장이 되어야 할 판이다.

지렁이의 학명은 *Lumbricus terrestris*인데 속명인 *Lumbricus*는 둥그스름하다는 뜻이고 종명인 *terrestris*는 땅이란 뜻이다. 지렁이는 거시, 거생이, 것깽이, 토룡(土龍), 지룡(地龍), 구인(蚯蚓), 곡선(曲蟺) 등으로 불리며 옛날부터 한의학에서는 해열제나 이뇨제로 써 왔다.

한때 토룡탕이 장수 식품으로 각광을 받았었는데 어느새 쑥 들어가 버리고 말았다. 진시황도 찾다 찾다 못 찾고 오십 나이에 죽었다는데 어찌 우리가 불로초를 찾겠다고 눈에 쌍심지를 돋우고 입에 게거품을 물면서 설친단 말인가. 다 부질없는 짓이요, 창피한 일이다. 너무 오래 사는 것도 욕된 일이라 했다. 해진 옷 한 벌에 만족하고 가멸진 마음씨로 살지어다.

어쩌다 또 이야기가 빗나갔다. 지렁이는 약 말고 구황 식품으로도 한몫을 했다. 필자가 어릴 때 윗동네 바우라는 친구가, 밭에서 잡아 온 지렁이를 삶아 먹었다는 소리를 듣고 네뚜리로 여겨 입방아 찧고 놀려 댔던 기억이 난다. 가슴 시린 이야기이다.

신문에서 해외 토픽 기사를 보니 어느 나라에서는 지렁이를 쪄서 파우더로 만들었다던가? 역시 우리는 탕에 강하고 서양 사람들은 바짝 마른 음식을 만드는 데 재주가 있다. 아무튼 배고프면 지렁이가 문제가 아니라 제 살 뜯어 먹는 서캐도 잡아먹는다지 않던가. '지렁이 갈비' 같은 터무니없는 거짓말이 아니라는 것을 알 사람들은 다 안다.

사람들은 지렁이처럼 길거나 행동이 굼뜬 동물의 이름 끝에 '~렁이'를 붙여 징그럽고 두려운 느낌을 표현한다. 지렁이, 구렁이, 능구렁이, 우렁이……. 또 어리석고 무식한 사람을 무지렁이라고 하고. 마당 가득히 드러누운 지렁이를 보고 여자 아이들이나 부인네들은 기절초풍을 하지만 사내들은 지렁이를 잡아들고 분탕질하고 껍죽거리면서 숫기를 부린다. 유전인자란 참 무섭다.

아무리 순하고 미천한 사람도 너무 업신여김을 당하면 욱하고 튄다. 이렇게 불뚝성을 낼 때 "지렁이도 밟으면 꿈틀한다."라고 한다. 이 세상에 지렁이만도 못하게 지청구를 듣고 핍박당하는 사람이 쌔고 쌨지만 "굼벵이도 굼불 재주" 하나는 있고 "굽은 나무 선산 지킨다." 라고 먹물깨나 들고 돈푼깨나 있는 이보다 이들이 더 효도하며 산다.

지렁이는 환형동물로 몸에 센털이 적어서 빈모류(貧毛類)라 하며, 세계에 3,000종이 넘는다. 엇비슷한 크기의 100~150개의 둥근 몸마디를 가지고 있으며 길이는 12, 13센티미터 정도이다. 열대지방의 것은 몸마디가 250개가 넘고 길이도 4미터나 되어 뱀보다 훨씬 크다니 토룡탕을 끓이면 수십 명이 먹고도 남을 것이다.

지렁이는 근육이 세로로 뻗친 것(종주근)과 고리 모양인 것(환상근)이 있어 한쪽이 수축하면 다른 쪽은 이완하여(쭉 늘어났다 오므라들었다 하여) 꿈틀운동을 한다. 사람의 식도나 창자도 모두 이 운동을 통해 음식을 아래로 아래로 천천히 내려 보낸다. 꿈틀운동 하는 내장이 이동하는 게 아니라 음식물이 움직이는 것이다.

지렁이 몸을 물끄러미 보면 다른 부위와 다른, 회백색의 큰 고리 한 개를 발견하게 되는데 이것이 고리띠이다. 이 띠는 몸 중간에 있지 않고 한쪽으로 치우쳐 있다. 입 쪽에 있는(입에서 30번째 마디 근방)이 고리띠는 짝짓기를 한 후에 수정란을 싸 담는 고치가 된다.

지렁이는 암수한몸이지만 반드시 흘레붙어 정자를 교환한다. 참, 용하다. 수정란은 고리띠와 함께 입 쪽으로 미끄러져 내려가 고치에 싸이고 보통 9, 10월에 산란되는 알은 흙 속에서(흙에 산란하기에) 2~3

주 후에 부화되어 새끼지렁이가 된다. 미성숙한 어린 지렁이에게는 고리띠가 생기지 않는다.

앞에서 지렁이 몸에 센털이 있다고 했는데 마디마디 네 군데에 있으며 육안으로는 보이지 않으나 뒤쪽으로 비스듬히 나 있어 몸이 뒤로 미끄러지지 않도록 한다. 지렁이를 신문지와 유리판에 얹고 꼬리 쪽에서 당겼을 때 어떤 차이가 있을까. 이것은 초등학교 여름방학 탐구학습장에도 나오는 문제이다. 신문지에서는 잘 되지 않는다. 센털이 신문지에 깔끄럽게 끌리면서 사그락사그락 소리가 난다. 반면 유리판 위에서는 쉽게 미끄러지고 당겨진다. 이 실험은 지렁이 특성을 이해하여 지렁이와 친구가 되게 하는 좋은 숙제이다. 담벼락 돌 틈을 빠져나가는 뱀을 아무리 세게 당겨도 끌려나오지 않는 것은 뱀 몸에 비늘이 있어 그렇듯이 지렁이의 센털도 뒷걸음질을 막는다. 아무튼 지렁이도 꿈틀꿈틀 기어가서 먹이를 찾고 새끼를 치고 굴을 뚫는다. 재주가 가상하다.

음식 찌꺼기를 먹여 지렁이를 키운다는 신문 기사를 보았는데 왜 그놈들을 키우는지는 설명이 없었다. 「찰거머리의 정(情)」에서도 나왔지만 지렁이 몸에는 혈액응고를 방지하는 룸브리키나제라는 효소 물질이 있는데 아마 이것을 뽑아 약제로 쓰려는 모양이다. 일본에서도 이런 용도로 우리 지렁이를 수입해 가고 있다.

어떤 제약 회사의 혈전예방약 선전 문구에 '구인에서 뽑은……'란 말이 있었다. 한때 공중변소나 학교에 큰 통을 즐비하게 늘어놓고 오줌을 받아 갔었는데 사람 소변에서 혈액응고 방지 물질인 유로키나제(urokinase)를 모아 약으로 만들기 위함이었다(지금도 일부에서는 모으고 있다).

아무튼 기사에 나왔던 젊은 '지렁이 박사'는 도살장에서 쏟아져 나오는 피나 똥이 섞인 허드렛물을 모아 지렁이를 대량으로 뒤룩뒤룩 살찌워 일본에 수출하여 떼돈을 벌었다고 한다. 머리만 잘 굴리면 돈벌이가 많은데도 돼먹지 못하게 빈둥빈둥 노는 사람들이 많다. 지렁이에서도 돈이 쏟아지는데 말이다. 모름지기 젊은이는 번듯하고 어그러짐 없이 살아야 하는 것. 놀고 자시고 할 겨를이 없어야 한다.

한여름 밤 더위를 식히려고 마당 가를 어슬렁거리는데 화단에서 바스락바스락 소리가 났다. 잔뜩 긴장하여 화단에 손전등을 비추고 가까이 들여다보았더니 지렁이 놈이 반쯤 썩은 낙엽을 정신없이 갉아먹는 게 아닌가. 불빛에도 아랑곳없이 말이다.

사실 이놈들은 가랑잎만 먹는 게 아니다. 흙도 파먹는다. 흙 속의 유기물을 삭혀 양분으로 쓴 후 배설한 찌꺼기가 토룡분인데 이것은 좋은 거름이 된다. 놈들은 식욕이 왕성하여 하루에 보통 제 몸뚱이만큼 흙을 삼킨다는데 큰 놈 한 마리가 1년에 싸는 토룡분이 10킬로그램이 넘는다고 한다. 웬만큼 지렁이가 살면 화단 흙을 몇 번이나 가는 셈이다. 그래서 2300년 전에 살았던 아리스토텔레스도 지렁이를 '흙의 창자'라 불렀고 다윈도 지렁이 관찰에 심취했다는 기록이 있다. 어쨌거나 지렁이는 똥 싸서 흙을 걸게 하고 땅굴 파서 공기가 잘 통하게 하는 유익한 동물이다. 식물 뿌리에 비료를 주고 공기도 공급하는 지렁이의 고마움을 알아야겠다. 지렁이가 득실거리는 화단은 땅기가 넘친다.

지렁이를 납작한 접시에 놓으면 요놈들이 하나같이 접시 가로 기어가서 달라붙는다. 몸을 어떤 몸체에 붙이는 성질을 생물학 용어로 양성주촉성(陽性走觸性)이라 하는데 지렁이뿐만 아니라 사람도 그렇다. 차를 타도 창가에 기대어 앉으려 하지 않는가. 이것도 일종의 본능이다.

아이들이 어렸을 때 아이들과 함께 마당에서 지렁이를 잡아 장난(장난보다 더 좋은 공부는 없다)을 하고 있는데 집사람은 지렁이에게 눈길 한번 안 주고 벌 쏘인 사람처럼 우리를 지나쳤다.

막내 놈은 엄마의 약점을 곧바로 꿰뚫어 보고 큰 지렁이 한 마리를 집어 들고 집사람한테로 내달렸다. 그러자 집사람은 비명(?)을 지르며 부엌으로 줄행랑을 치고 말았다.

밭에는 지렁이가 논에는 땅강아지가 득실거려야 하는데…….

개미는 날개가 얇고 투명하여 막시목(膜翅目)으로 분류된다. 벌과 아주 가까운 관계이며 분업을 통한 사회생활을 하는 대표 곤충이다. '벌침'을 가진 개미도 있는데 아마도 같은 조상에서 나와 벌은 공중에 적응하고 개미는 땅에 정착한 것 같다. 개미는 벌과 계급제도까지 같아서 대장 여왕개미 밑에 수캐미, 일개미, 병정개미가 있다.

여왕개미는 가장 크고 날개가 있으며 알을 낳고 새끼를 키운다. 수캐미는 '날개개미'라고도 부르는데 역시 날개가 있고 일개미보다는 약간 크다. 일개미는 일벌이 영양 결핍으로 생식력을 잃은 것과 같이 유전적으로는 여왕개미와 다르지 않으나 못 먹어 '불완전 암컷'이 되고 만다. 병정개미는 일개미 중에서 집 지키기를 전담하는 '태권도'를 잘하는 놈들이다.

개미는 세계적으로 5,000종이 넘는다고 한다. 동식물이 사는 어디나 사는데 눈에 겨우 보일 만한 작은 것에서부터 1.5센티미터 크기의 왕개미까지, 소나무나 낙엽송 숲속에서 흙과 낙엽을 모아 큰 흙집을 만들어 사는 놈부터 부엌 바닥에 구멍을 뚫어 사는 것까지 다양하다. 한마디로 개미가 안 사는 곳이 없고 종류도 가지각색이다. 정말 못 말릴 놈들로 지독한 적응력을 발휘하는 동물이다.

큰 개미굴 하나를 파헤치면 그 속에 많게는 50만 마리가 득실거린다. 우리나라 군인보다 많다. 벌통 안에는 오직 한 마리의 대장(여왕벌)만이 존재하나 여왕개미는 여러 마리가 함께 산다는 점이 다르다. 또 벌은 식솔이 늘면 새 여왕벌을 본집에 살게 하고 어미여왕벌이 졸개를 데리고 나가는데 개미는 새 여왕이 분가하여 떠난다.

개미도 곤충이라 머리, 가슴, 배 세 부분으로 토막 나 있다. 유독 허리가 가늘고 잘록하여 젊은 여성들에게 선망의 대상이다. 말이 나왔으니 몇 마디만 사족을 붙인다. 어느 사회학자는 인구가 많아져 여자들이 아이들을 많이 낳을 필요가 없어지면서 남성이 하던 일까지 도맡았고 이런 이유로 엉덩이를 줄이고(골반이 펑퍼짐해야 순산한다) 살 빼기까지 한다(비축된 살은 젖먹이의 영양이 된다)고 말한다. 필자도 심히 동의하는 바이다. 여성미의 평가도 시대에 따라 다르다.

어느 여름밤 아이들이 들야단을 쳐서 꾸중할 양으로 방문을 열었는데 그 순간 깜짝 놀랐다. 아이들이 아니라 날개 달린 시커먼 수캐미들이 한 귀퉁이에서 옴실거리고 있는 게 아닌가. 우리 집에 살던 그 개미들은 밤에 끌려 들어와 그렇게 밀월을 즐기고 있었던 것이다. 개미도 어둑한 밤에 사랑을 즐긴다. 개미도 벌처럼 공중에서 짝짓기를 하기도 한다.

덩치 큰 여왕개미는 여러 마리의 수캐미와 짝짓기 하여 10억 마리 이상의 정자를 받아 저정낭(정자를 저장하는 주머니)에 저장했다가 평생 동안 필요할 때마다 끄집어내 쓴다. 그런데 짝짓기를 하고 나면 여왕개미는 날개가 떨어져 나가고(다시는 짝짓기를 하지 않기 때문이다) 기를 빼앗긴 수놈은 2, 3분 내 곧 죽어 버린다. 제 몫을 다했으니 수캐미는 죽어도 여한이 없다.

달팽이를 채집하려고 산에 가서 돌멩이를 들추면 그 밑마다 어쩌면 그렇게 많은 개미 알이 들어 있던지. 가만히 들여다볼라치면 일개미들은 귀신같이 알아차리고 달려나와 알(번데기도 있다)을 물고 굴속으로 내뺀다.

채집이 안 되는 날은 개미들과 이야기하면서 놀기도 하지만 근방 절에서 살생 말라는 부처님 목소리가 들려오는 것 같아 너럭바위를 살짝 내려놓고 발길을 돌린다. 개미집의 맨 위층에는 알, 그 아래에는 유충, 맨 아래에는 번데기가 있다. 알이 부화되어 애벌레가 되고 번데기가 되고 허물 벗어 성충이 되기까지 한두 달이 걸린다.

시골 밭 가를 지나다 보면 개미가 숱하게 죽어 나자빠져 있는 것을 볼 수 있는데 다른 집 개미들과 오뉴월 염천(炎天)에 대판 싸운 흔적이다. 영토 싸움은 어느 생물에나 있는 법.

개미들은 아무 데나 다니는 것이 아니라 제일 먼저 먹이를 발견한 길잡이가 만들어 놓은 길로만 다닌다. 쥐도 길 따라 다니고 학교 가는 꼬마동이도 전신주, 담벼락 등 정해진 곳을 툭 치거나 매만지면서 지나간다. 물이나 알코올로 개미길 중간을 닦아 버리면 오가던 놈들이 그 근방에서 우왕좌왕 헤매는 모습을 보는데 이는 필시 길에 냄새나는 뭣을 뿌려 놨기 때문이다. 이것이 페로몬이라는 화학물질인데 개미들은 똥구멍을 땅에 질질 끌면서 이 물질을 질금질금 싸 놓은 것이다. 이는 개가 두 다리 들고 띄엄띄엄 오줌을 갈기는 것과 같은 짓이리라. 다음날 다른 길로 다니는 것을 보면 페로몬은 곧 분해된다는 것이고 새 길에 새로 또 뿌렸다는 것이다. 이렇게 개미들은 똥구멍으로 말한다.

개미의 학명은 *Formica trunaiola*이다. 개미 몸에는 개미산(formic acid)이라는 물질이 있는데 여기서 formic은 학명의 속명 *Formica*(라틴어로 개미라는 뜻이다)에서 온 것이다. 학명을 자주 들먹거리는 이유는 학명에 그 생물의 생태 내력이 들어 있기 때문이다. 이 개미산을 도라지꽃에 문지르면 꽃색이 빨갛게 변한다. 이 원리는 「북쪽으로 고개 숙인 목련화」에서 설명하였다.

개미는 상당히 영리한 동물이다. 한 개미를 다른 통에 따로 한 달가량 넣었다가 원래 집 가까이 풀어 놓았더니 놀랍게도 옛집을 잘 찾아가더라는 것이다. 개미도 기억력이 있는지 아니면 동료들의 냄새를 맡고 그랬는지는 아직 확실히 모른다.

진딧물과 개미의 공생 이야기는 많이 들었을 것이다. 개미는 진딧물 똥구멍을 살살 간질여 진을 빨아 먹고 그 대가로 진딧물 천적인 무당벌레를 쫓아 준다. 말 그대로 누이 좋고 매부 좋고다. 어떤 개미는 진딧물의 알을 모아 땅속의 제 집에 보관했다가 봄에 풀, 나무에 다시 뿌린다니 탄성이 절로 나온다.

'수확개미'가 있다. 우리나라 개미 중에도 볏과나 국화과 열매를 저장하는 놈이 있지만 멕시코나 미국 텍사스의 개미들은 더 흥미롭다. 이 개미들은 귀보리(귀리 종류가 아닌가 싶다) 둘레 잡초를 깨물어 자르는 제초 작업을 하고 귀보리 열매가 익으면 물어 집에다 차곡차곡 쌓아 두었다 양식으로 삼는다. 개미가 귀보리갈이를 하는 것이다. 또 봄이 오면 씨앗을 물어다가 밭에 버린다니 정말 제법이다. 그런데 여기서 하나 알아 둘 점은 이놈들은 딱딱한 것만 좋아해서 발아해서 물렁해진 씨앗은 밖에 내다 버린다는 사실이다. 사람들은 이 행동을 '씨 뿌린다'라고 과찬하지만 말이다. 어쨌거나 영물임에는 틀림없다.

아프리카 지방의 파라솔개미는 제 몸보다 큰 풀 이파리를 잘게 씹어 저장한 후 거기서 생기는 싱그러운 버섯의 균사를 먹고산다. 한마디로 버섯을 키우는 개미이다. 항암 효과가 뛰어난 버섯을 먹으니 그놈들은 암 걱정을 안 해도 되겠다.

"개미한테 불알 물렸다."라고 화도 내지만 "개미 금탑 모으듯 메 나르듯" 부지런히 사는 개미는 인간의 본이 되고도 남는다. 사실 이 책을 쓰는 목적은 자연을 있는 그대로 알자는 것보다도 생물계의 오묘함을 우리의 삶에 얽어 보자는 데 있다.

개미귀신의 세계를 덧붙여 본다. 어릴 때 소몰이를 나가면 소는 산비탈에 풀어 놓고 필자는 강가 버드나무 아래 그늘진 모래밭에서 "두껍아 두껍아 네 집 다오……." 콧노래 하면서 모래로 두꺼비집을 지었다. 시간 가는 줄 모르고 놀다가 지루해지면 바로 옆에 퐁퐁 파 놓은 '개미지옥' 허물기로 넘어갔다. 접시나 깔때기 모양의 그 함정에 빠진 개미에게는 영락없이 그곳이 지옥이다. 물론 개미뿐만 아니라 다른 곤충들도 마찬가지이다.

개미지옥 속에서는 1센티미터도 안 되는 명주잠자리 유충 '개미귀신'이 노리고 있다. 이놈은 헛발 딛은 개미 뒷다리를 날카로운 턱으로 물고 늘어져 개미가 힘이 빠지면 잡아먹는다. 이 귀신들은 냇가, 바닷가, 산, 평지, 집 주변, 절터 등 응달지고 건조한 모래땅에 집을 짓는다. 모래는 알갱이 직경이 1밀리미터 이하로 보드랍다. 집을 지을 때는 반드시 시계 방향으로 돈다. 2, 3센티미터 정도의 원을 그리며 뒷다리로 모래를 튕겨(힘이 세어 30센티미터 가까이 모래를 튕김) 보통 30분이면 집 한 채를 너끈히 꾸민다.

개미귀신은 개미, 진딧물, 송충이, 나방이애벌레, 거미, 메뚜기, 무당벌레, 집게벌레 등을 잡아먹는 육식동물로 배고프면 동족도 마다하지 않는다. 이놈들을 손바닥에 놓아 간지럼을 느끼는 것도 흥미롭지만 가재처럼 뒤로 움직이게 하는 게 더 흥미롭다(어떤 한 종은 앞뒤로 움직인다).

5월 말이 되면 개미귀신은 가는 실을 뽑아 모래와 섞어 제 몸보다 더 큰 1.5센티미터 크기의 동그란 구슬 모양의 고치를 만든다. 그리고 그 속에서 번데기로 있다가 한 달 가까이 지나 날개 길이가 7, 8센티미터인(고치보다 몇 배 큰지 독자들은 계산해 보기 바란다) 명주잠자리가 된다. 성충인 잠자리는 야행성으로 숲속에 살면서 가끔 밤등불에 '부나비'로 날아든다. 새끼나 어미 모두 벌레를 잡아먹는 육식성이다.

1센티미터 정도의 고치에서 8센티미터의 잠자리가 나온다니 불가사의한 일이 아닌가! 사람 세포 한 개에 4미터의 DNA가 들어 있고 사람 창자가 7.5~8.5미터가 되듯이 모두가 꼬이고 겹쳐 들어 있기에 그런 일이 가능하다.

이렇게 생물체도 무척이나 경제적인 구조이다. 버러지 개미귀신에서 생판 모습이 다른 잠자리가 나오는 것도 신의 조화가 아니겠는가. 자연의 오묘함과 신비로움에 가슴이 두방망이질 친다.

(개미귀신 자료는 강릉 영동초등학교 류시철 선생님이 제공하였음을 밝혀둔다)

솔잎혹파리도 벌레혹을 만든다

여름에 느티나무나 참나무, 밤나무, 붉나무, 해당화 들의 잎 뒤쪽(아래쪽)에 더덕더덕 혹 같은 것이 잔뜩 붙어 있는 것을 보았을 것이다. 그것을 짜개 보면 진딧물 같은 것이 가득하다. 이런 벌레혹을 충영(蟲癭)이라 하는데 영어로는 callus이다. 이것의 원인은 진딧물, 혹벌, 혹파리 등이 어린잎에 낳은 알의 유충이 식물 조직의 즙을 빨아먹고 사는 데 있다.

이때 숙주(임자몸)인 식물이 제 몸을 보호할 참으로 그 이파리의 세포분열을 왕성하게 하여 유충을 둘러싸는 부푼 혹을 만든 것이다. 알고 보면 벌레혹은 곤충의 새끼가 만든 혹이 아니라 식물이 만들어 준 집인 셈이다. 진딧물, 혹벌, 혹파리의 순서로 간단히 그들의 생태를 벗겨 보자.

혹이 생기는 가장 대표적인 것으로 옻나무와 비슷한 붉나무가 있다. 붉나무는 천금목(千金木)이라고도 하는데 어린잎도 붉고 나무 중에서 제일 먼저 단풍이 든다. 이 나뭇가지를 때면 폭발물이 터지는 소리가 난다. 붉나무는 자웅이주(암수딴그루)이다.

붉나무진딧물(배가진딧물) 성충들은 4, 5월에 붉나무에 날아와 짝짓기 한다. 벌레혹 속에서 자란 유충은 9월경에 성충이 되어(암놈의 크기는 1.5밀리미터 정도고 날개가 투명하다) 충영을 뚫고 날아간다. 성충은 이끼류에 산란하는데 이 알이 겨울알(월동란)이다. 이것이 다음 해에 부화되어 성충인 진딧물이 되어 붉나무에 다시 산란을 하는 것이다. 다른 진딧물도 생활사는 같다.

붉나무에 생긴 벌레혹을 오배자(五倍子)라 한다. 혹이 다섯 배나 부풀어 났다는 의미이다. 오배자는 말려 치질, 치통 치료제로 쓴다. 성충이 날아가기 전에 따면 더 약효가 있다고 한다. 햇볕에 말린 것은 백부자(白付子), 화력으로 말린 것은 흑부자(黑付子)라 하는데 백부자가 더 낫다고 한다. 고추도 태양고추를 더 치지 않는가. 또 오배자는 떫은 풋감에 든 검은색을 나타내는 타닌(tannin)도 많이 함유해 잉크 재료로도 쓰이고 피혁 제품이나 어망의 방부제로도 사용된다.

나뭇잎에 달라붙어 사는 붉나무진딧물도 영리(?)하지만 진딧물 든 오배자를 따서 쓰는 사람도 영특하다. 진딧물도 약으로 쓴다니 사람 앞에서는 남아나는 게 없다. 사는 것이 다 머리 싸움이다. 거의 모든 식물은 세계에 200종이 넘는 진딧물에게 수액을 빼앗기고 사람들은 진딧물들을 죽이기 위해 과수원과 남새밭에 제 몸에 해로운 줄 알면서도 살충제를 한없이 뿌려 댄다. 그럼에도 불구하고 생명력이 강한 이놈들은 사람들을 비웃듯 쉽사리 죽지 않는다.

흙 속에서나 낙엽 밑에서 월동한 진딧물 겨울알(수정란)은 따뜻한 봄에 부화하여 나뭇잎이나 풀잎에 기어오른다. 그리고 보드라운 새순 즙을 빨아먹으면서 어미가 된다. 봄여름에는 거의 대부분 암놈이 된다. 날개 달린 빼빼 마른 작은 수놈도 더러 있으나 허깨비로 별 볼 일 없다. 암놈은 짝짓기도 않고 알을 낳아 대고 그 알은 모두 커서 다 암놈이 된다. 짝짓기 않고 낳은 알은 반수체(半數體, n)로 정상 염색체의 반밖에 못 가진 홀알(무정란)인데 이런 생식을 처녀생식(處女生殖) 또는 단위생식(單位生殖)이라 한다.

암수가 짝짓기 해서 번식하는 것도 엄청난데 모든 알이 암놈이 되고 그놈들이 또 알을 낳아 대니 죽여도 죽여도 끝이 없다. 수펄이나 수캐미도 모두 홀알에서 발생한 것이며 예수도 굳이 따진다면 이 생식법으로 태어났다. 경우에 따라서 난태생도 한다니 진딧물은 새끼 치는 데 선수이다.

여기서 생물학 용어 하나를 짚고 넘어가자. 새처럼 알을 낳는 경우를 난생이라 하고 사람을 비롯한 포유류처럼 태반에서 양분을 얻어 태어나는 경우를 태생이라 한다. 살모사, 다슬기처럼 태반 없이 어미 몸속에서 알이 부화되어 새끼로 나오는 경우를 난태생이라 한다. 태생처럼 새끼를 낳기는 하지만 태반(포유류만 가지고 있다)에서 양분을 얻지 않았기에 태생과 구분한다.

진딧물 암놈은 가을이 되면 두 종류의 알을 낳아 하나는 수놈이 되고 하나는 암놈이 된다. 이들이 만든 정자와 난자가 만나 수정란이 되고 이것이 차디찬 겨울을 이기게 된다. 많은 하등동물이 앞에서 이야기한 것과 비슷한 삶의 얼개를 갖는데 홀알보다는 수놈의 정기를 받은 짝알이 겨울 넘기는 힘도 센 모양이다. 짓궂게도 어느 술집에서는 무정란보다 수탉 씨 받은 겹알(유정란)이 정력에 좋다며 일부러 하나씩 나눠 준다. 진딧물은 주로 식물에 기생하는 것들을 말하고 진드기는 동물에 기생하는 놈들을 부를 때 쓰는 말이다.

다시 본론으로 돌아가자. 벌레혹을 만드는 놈에는 진딧물 말고도 혹벌과의 파리 무리가 있다. 혹벌은 식물에 벌레혹을 만들게 하여 번식하는 놈이 있는가 하면 곤충의 번데기에 산란하는 놈도 있다. 이미 누군가 만들어 놓은 혹 속에 알을 낳는 얌체도 있다. 벌레혹을 만드는 대표적인 것이 밤나무혹벌이다. 밤나무혹벌은 수놈은 없고 암놈만 생기는 무리로 처녀생식만 가능하다. 수놈이 없는 세상도 이렇게 있다.

밤나무혹빌은 암놈 몸길이가 2밀리미터 정도로 작다. 밤나무의 대해충으로, 여름에 벌레혹에서 나온 어미 성충은 이듬해 나올 밤나무 꽃눈에 산란을 한다. 벌레혹 하나에 25마리의 유생이 모여 있기도 한다. 그래서 시골 밤나무숲에 비행기로 농약을 뿌려 대는 것이다. 우리가 먹는 밤도 거의 농약 먹은 것들로, 이제는 살충제로 범벅이 되지 않은 식품을 찾기 어렵게 되어 버렸다. 농약이 영약이라는 인삼에까지 스며 있다니 말문이 막힌다. 꺼림칙하나 어쩔 수 없이 그런 것들을 먹고사는 것이다.

다음은 우리가 잘 아는 솔잎혹파리이다. 혹파릿과에 속하는 솔잎혹파리 암놈은 몸길이가 2밀리미터, 수놈은 1.7밀리미터 정도로 5월 하순경 솔잎에 산란한다. 부화된 유충은 벌레혹 속에서 소나무 즙을 빨아먹는데 많이 번식하면 솔잎이 빨갛게 탄다. 유생은 9월경에 혹에서 나와 땅속으로 들어가 유충으로 월동을 한다.

이 솔잎혹파리 때문에 피해가 막심하다. 이놈들을 방제하기 위한 인력비와 살충제값이 엄청나다. 대표적인 방제법은 살충제의 공중살포나 수관주사이다. 수관주사는 재미있는 방법인데 소나무 밑동에 구멍을 뚫어 약을 주사하면 나무 물관을 타고 약이 줄기 끝까지 올라가 혹파리 유충을 죽이는 것이다. 이 방법에는 동의하나 살충제의 공중살포는 아주 미련스런 방법이라 필자는 반대한다. 소나무가 타 들어가는 것을 보는 사람의 안타까운 마음은 누구나 다를 바 없다. 그러니 여러 방법을 생각하게 되는 것이다.

하지만 어느 기생충이나 특별한 경우를 제외하고는 임자몸을 죽이지는 않는다. 이 자연법칙을 믿고 그냥 그대로 내버려 두라는 것이다. 소나무가 죽으면 제 놈 혹파리는 어디 붙어산단 말인가. 다 죽었다고 봤던 혹파리 먹은 소나무가 90퍼센트 넘게 소생한다는 통계는 사람들의 조급성을 꾸짖는다. 마구잡이로 살충제를 뿌리면 솔잎혹파리 천적뿐만 아니라 한국 특산종인 솔잎혹파리먹좀벌도 죽인다. 이래서는 죽도 밥도 안 된다.

공해를 사람이 자연에 간섭하는 것이라 하는데 살충제 뿌리는 것도 그렇다. 모름지기 자연의 문제는 자연에 맡겨 두는 것이 백번 옳다. 자연의 가해자는 유독 사람뿐이다. 사람의 손이 가지 않은 자연 그대로의 '무위자연'이 좋다.

수놈에게 머리채 잡힌 암놈 잠자리

잠자리를 청령(蜻蛉), 청정(蜻蜓)이라 한다. 영어로는 dragonfly인데 우리말로 풀어 보면 우습게도 '용파리'이다. 아무튼 놈들은 잠자릿과에 속하는 곤충이다. 2쌍의 날개는 앞뒤 모두 같고 곱고 투명하다. 그래서 모시같이 얇고 고운 천을 '잠자리 날개 같다'라고 한다. 눈이 구슬만 한 왕잠자리도 필자가 어릴 때는 흔했는데 이제는 눈을 닦고 봐도 없다. 인간이 마구잡이로 내버려 잠자리까지 지구를 떠나고 있으니 언젠가는 필경 인간도 우주인이 되고 말 것이다.

잠자리는 식물의 조직 안, 축축한 흙, 물속의 나무토막 같은 데에 산란한 후 2주일이면 부화하여 '학배기'가 된다. 이 유충은 물속에서 10~15번 계속 탈피한다(누에처럼 탈피할 때마다 몸이 큰다). 유충 기간은 종에 따라 다르나 하루살이보다는 길어서 왕잠자리는 3, 4년 어떤 종은 8년이나 된다. 유충이나 성충 모두가 벌레를 잡아먹고 사는 육식성이라 턱이 잘 발달되었다.

다 큰 잠자리 유충은 물가 풀이나 나뭇가지에 기어올라 소화관 안에 공기를 넣어 배를 불룩하게 부풀리는 일을 계속한다. 그러다 껍데기(외피)를 짜개고 어미잠자리로 나온다. 곧바로 날지는 못하고 날개와 껍질이 굳기를 한참 기다렸다가 날갯짓을 시작한다.

하루살이는 겉으로 불거져 나온 숨관아가미로 숨을 쉬지만 잠자리들은 항문과 연결된 직장에 물을 들락거리게 하여 호흡하거나(왕잠자리) 꼬리 끝에 생긴 꼬리아가미로 숨을 쉰다. 직장아가미는 호흡할 때에 물을 세차게 똥구멍으로 내뿜어(제트 분사) 앞으로 빠르게 나아가게 하는 데도 쓴다니 이거야말로 일거양득이다.

잠자리 두세 마리가 줄줄이 붙어 나는 것을 보았을 것이다. 이것은 전위 행위로 짝짓기는 나중에 나뭇가지에 붙어 정지 상태에서 한다. 암놈 생식기는 10개의 배 몸마디 중 9절에 있고 수놈은 9절 외에 2절이나 3절에도 부생식기가 있다. 즉 수놈의 교미기는 2개이다. 9절에서 나온 정자 덩어리를 부생식샘에 붙여 두면 그것을 암놈이 받아 간다. 어떤 암놈은 유생으로 8년, 성충으로 30여 일을 살고 1,600여 개의 알을 낳은 후 생을 마감한다.

다음 글은 월간지 『환경운동』 1994년 6월에 실린 「이슬 젖은 날개를 털고 하루를 시작한다」라는 이재영 씨의 글이다.

> 잠자리는 야전 부대 출신이다. 해가 지면 들판에서 노숙(露宿)하고, 아침이면 이슬 맞은 날개를 털고 사냥을 나간다. 아파치 헬기 정도는 못 되지만 잠자리의 날개는 성능이 좋은 편이고 육식성이라 턱도 잘 발달되어 있다. 잠자리는 보기보다 빠르고 무서운 사냥꾼인데, 빨리 나는 놈은 한 시간에 100킬로미터까지 간다. 식성도 좋아 하루에 100~800여 마리의 멸구, 모기, 하루살이 등을 잡아먹는 익충이다.

그러나 아이들은 잠자리를 무서워하지 않는다. 아이들은 나뭇가지 끝에 앉아 있는 잠자리의 정면에서 검지손가락을 빙빙 돌리며(곤충들은 회전하는 물체에 대해 감각이 둔하다. 파리를 잡을 때도 이렇게 하면 된다) 살금살금 다가가서 덥석 잡는다. 포로가 된 잠자리는 연(鳶)처럼 꼬리 끝이 실로 묶여 아이들의 놀잇감이 된다.

날쌘 잠자리가 왜 바보처럼 아이들에게 잡히는지는 잘 알 수 없다. 잠자리의 눈은 모두 다섯 개로 잘생긴 얼굴 양쪽에 둥글게 부푼 2개이 큰 겹눈과 3개의 작은 홑눈이 있다. 겹눈은 1만 개에서 2만 8,000개의 낱눈이 모여 이루어지는데 낱눈 하나하나에 피사체의 모양이 맺히며 그 중에서 일직선으로 들어오는 모양만 시신경에 전달된다. 잠자리는 이 둥근 눈으로 위아래 좌우 사방의 6미터 이내에 있는 물체를 볼 수 있고 움직이는 물체는 20미터 떨어진 곳에서도 볼 수 있으므로 먹이를 사냥하는 데 큰 도움이 된다.

크고 날쌘 왕잠자리는 잡기가 힘들다. 그러나 아이들은 한 마리의 왕잠자리를 풀어 주고, 두 마리의 왕잠자리를 잡는 삼국지의 연환계(連環計) 빰치는 전술을 알고 있다. 왕잠자리의 수컷 생식기는 연두색이고 암컷 생식기는 하늘색이다. 노란 호박꽃을 따서 수컷의 연두색 그것에 고명가루를 문지르면 하늘색이 된다. 이렇게 성전환 수술한 수컷 잠자리 곁으로 다른 놈이 잇따라 달려드는데, 이성으로 착각해 두 마리가 정신 없을 때 재빠르게 낚아채야 한다. 그러나 사람의 100분의 1밖에 빛을 느끼지 못하는 잠자리가 정말 색을 구별하는지 의문이다.

이 정도의 잠자리 유인술은 관찰력이 뛰어난 아이들의 몫이다. 더 짓궂은 아이들은 둥근 철사테에 거미줄을 묻힌 잠자리채를 휘둘러 마구 잡는다. 또 체포한 잠자리는 꼬리 끝을 조금 잘라 낸 후 밀짚을 끼워 시집 보낸다고 날려 보낸다. 시집가는 것이 아니라 죽으러 가는 것이다.

진짜 시집가는 잠자리는 수컷의 배 끝에 있는 집게(돌기)에 머리채를 잡힌 채 하늘을 날아다니는 암컷이다. 수컷은 짝짓기 할 때가 되면 다른 수컷이 접근하지 못하도록 순찰을 돌면서 심하게 텃세를 부린다. 짝짓기 상대를 찾은 수컷은 몇 분 동안 암컷의 머리채를 끌고 다닌다. 연못이나 웅덩이 주변의 풀밭에 자리를 잡고 짝짓기 할 자세를 취한다. 짝짓기는 수컷의 꼬리 집게에 머리 부분을 잡힌 암컷이 자기 몸을 둥글게 구부려 꼬리 부분에 있는 생식기를 수컷 가슴 부위에 있는 생식기에 갖다 대면 이루어진다. 이 자세가 하트 모양과 비슷하다.

짝짓기가 끝나면 암컷은 연못이나 웅덩이에 알을 낳는다. 왕잠자리나 실잠자리는 창포 같은 부드러운 식물의 줄기에 배 끝을 대고 연해서 알을 낳고 그 밖의 대부분의 잠자리는 물 끝을 스치며 알을 물속에 떨어뜨린다.

잠자리가 물 위를 스치며 파문을 일으키는 것은 신중하게 물속을 살피며 알 낳을 장소를 찾기 위한 행위이다. 이때도 짓궂은 아이들은 잠자리를 표적 삼아 물 위로 돌팔매질을 한다. 또 체포한 잠자리의 날개를 쥐고 다른 손바닥에 잠자리의 배 끝을 올려놓은 채 "아들 낳아라, 딸 낳아라!" 하면서 주문을 외기도 한다. 불쌍한 잠자리는 강압에 못 이겨 아이들의 손바닥에 알을 쏟아 놓는다.

물속의 알에서 깨어난 애벌레는 1년에서 수년까지 물속에서만 산다. 물속의 애벌레도 턱이 발달해 장구벌레나 올챙이 들을 잡아먹고 산다. 애벌레가 어른 잠자리가 되면 올챙이와의 관계는 역전된다. 애벌레 때는 올챙이를 잡아먹지만, 올챙이가 개구리로 되면 거꾸로 잠자리가 개구리에게 잡아먹힌다. 이 밖에 사마귀, 제비 등도 무서운 잠자리의 천적이다. 대부분의 곤충이 그렇지만 배가 고프면 잠자리도 동족을 잡아먹기도 한다.

애벌레는 종류에 따라 물속에서 10~15회 가량 껍질을 벗으며, 날개돋이를 할 때는 나비와는 달리 번데기의 과정을 거치지 않는 불완전변태를 한다. 애벌레는 물속의 생활이 끝나면 연못가 식물의 줄기로 기어올라 날개돋이를 한다. 애벌레의 머리 부분과 가슴 부분이 부풀어 오르고, 등 쪽이 Y자로 찢어지면서 드디어 잠자리가 빠져나온다.

허물에서 벗어난 잠자리는 날개주머니에서 반투명한 날개를 펴는데 시간이 더 지나면 투명한 날개가 완전히 펴져 하늘을 날 수 있게 된다. 이 시간이 대략 40분에서 2시간 정도 걸린다. 날개돋이를 한 잠자리는 점점 물가를 떠나 산골짜기나 산 위로 올라갔다가 다시 물가로 돌아온다. 된장잠자리같이 아주 멀리 날아다니는 잠자리는 육지를 떠나 망망대해에서 발견되기도 한다.

애벌레는 따뜻한 물속에서 몇 년 동안 사는 놈들도 있지만 어른 잠자리는 한해살이다. 대략 4월 말에서 5월 중순경 날개돋이를 해서 늦가을에 죽는다. 늦가을 연못에 둥둥 떠다니는 일생을 마친 잠자리를 본다. 또 더러는 야전사령관답게 풀줄기나 나뭇가지에 붙어서 잠을 자다가 밤새 내린 서리꽃에 파묻혀 얼어 죽기도 한다. 잠자리의 애벌레는 더러운 물속에서는 살 수가 없다. 농약을 많이 친 곳이나 공장폐수로 더러운 곳에서는 잠자리가 발견되지 않는다.

곤충은 환경에 민감하다. 잠자리 살터가 도시에서 멀어지면 멀어질수록 도시의 오염 반경도 넓어진 것으로 보아야 한다. 과거 지리산 노고단에 그 많던 고추잠자리도 지금은 줄어들고 있다고 한다. 잠자리로서는 차라리 개구쟁이 아이들에게 시달릴 때가 더 좋았는지도 모른다. 인간 등쌀에 찢기고 생채기 나는 지구가 가엾고 그래서 우리는 문명의 대가를 톡톡히 지불하고 있는 것이다.

농촌의 싸리울타리 초가. 햇살 따가운 뜰에서 낮게 날아다니는 잠자리를 잡겠다고 "딱~딱" 소리를 내며 헛입질을 하다 제풀에 지쳐 그늘을 찾아 눕는 강아지. 잠자리를 잡겠다고 울타리 밑으로 살금살금 기어가는 아이들! 이런 풍경을 다시 볼 수 있을지 우리 모두 생각해 보아야 할 때이다.

그렇다. 강가나 연못 가의 진주이슬 맺은 풀잎이 잠자리가 안심하고 잠잘 수 있는 포근한 잠자리가 되도록 우리 모두 환경 파수꾼이 되어야겠다. 많이 다친 사람의 몸이 회복되기 어렵듯이 심하게 망가진 땅덩어리도 그러하니 말이다.

하루를 위해 3년을 기다린 하루살이

덧없고 허무한 인생이 풀 끝에 맺힌 이슬방울 같아 '초로인생(草露人生)'이라 했다. 하루살이 목숨이라 '부유인생(蜉蝣人生)'이라고도 했다. 사실 영겁의 세월과 광활한 우주가 만나는 작은 점에 놓여 있는 우리네 인생은 말 그대로 잠깐 있다 흩어지는 한 조각 뜬구름에 지나지 않는지도 모른다. 물속에서 나온 지 하루 만에 죽는 하루살이와 뭐가 다르겠는가. 물속의 몇 년이 전생이라면 하루살이의 하루는 이승이렸다!

하루살이는 귀뚜라미, 바퀴 들과 함께 곤충류의 메뚜기목, 하루살잇과에 속한다. 다른 곤충처럼 대부분 날개가 2쌍인데 앞날개가 뒷날개보다 훨씬 크다. 그리고 꼬리에는 2, 3개의 긴 꼬리털이 있다. 무늬하루살이, 검정가술 등 우리나라에는 50여 종이 산다.

많은 곤충들이 강, 연못, 호수에 알을 낳고 새끼 시기를 그곳에서 보낸다. 그곳에서 껍질을 벗고 뭍으로 나와 어른벌레가 되고 잠깐 살다 죽는다. 강에 가서 돌멩이를 들추면 실그물에 굵은 모래를 섞어 돌바닥에 집 지어 살고 있거나 가랑잎과 모래를 다져 지은 굴집을 통째로 끌고 다니는 놈들도 볼 수 있는데 이들 모두가 뭍에 사는 곤충의 새끼들로 통틀어 수서곤충(水棲昆蟲)이라 부른다. 이 새끼들도 맑고 더러운 곳을 골라 사는 재주를 가져 강의 맑기를 재는 잣대가 되기도 한다. 하루살이, 강도래, 날도래 유충이 사는 곳은 1급수이다.

초여름밤 가로등이나 물가 불빛에 날아드는 부나비들 중에는 나방도 있지만 하루살이가 주를 이룬다. 이 날파리는 세상에서 하루만 살아서 성충이 되어도 먹지 않는다. 그래서 입은 퇴화되어 흔적만 남아 있다. 실은 하루살이만 그런 것이 아니라 다른 수서곤충들도 다 그렇다. 개똥벌레(반딧불이)도 씨 받아 알 낳기 바빠서 먹고 자시고 할 여유가 없다. 그 대신 몸에 지방을 많이 가지고 있다. 이 비축된 지방만으로도 생식 활동이 충분하다.

언젠가 미국 미시시피 강 긴 다리 위에 짝짓기 하고 죽은 하루살이 시쳇더미가 무더기로 쌓여 자동차가 체인을 감고 지나갔다는 이야기를 들은 적이 있다. 하루살이가 더덕더덕 길바닥에 떡같이 붙었기에 치우기 힘들었던 것이다. 하루살이에게 겨울 이야기를 들려 주는 것만큼이나 믿기지 않는 이야기이다.

하루살이 유충을 서양 사람들은 naiad 또는 nymph라고 하는데 우리말로는 '물의 요정'이다. 그만큼 예쁘다는 뜻이다. 하루살이 유충은 모래와 흙이 적당히 섞인 바닥에 굴을 파고 사는데 돌에 붙은 조류(말류)나 수초를 갉아먹고 산다. 깨끗한 계곡물이나 강, 호수에서 서식하며 공장폐수가 흘러들거나 오염된 더러운 강에서는 못 산다.

강이 썩어 가니 개똥벌레는 물론이고 하루살이도 점점 우리 곁에서 멀어져만 간다. 참 애석한 일이다. 정말로 가진 것 하나 없어도 물

하나는 깨끗하고 억수로 많았는데 망조가 아닌지 모르겠다. 더덜뭇한 놈들(?)이 머리 잘못 써서 아무짝에도 못 쓰는 강을 만들어 놨으니 물고기도 물벌레도 줄초상이 났다. 참으로 애달프다. 죽어가는 저놈들의 비명이 들리지 않는가.

하루살이 유충은 종에 따라 1년에서 3년 동안 물속에서 살면서 25회 이상 허물을 벗는다. 호흡은 배 뒤쪽 양쪽 옆에 혹처럼 붙어 있는(5~7쌍), 다른 동물에서는 보기 어려운 특이한 숨관아가미로 한다. 클대로 큰 유충은 수면이나 물가로 기어나와 하루이틀 머물다가(이때를 아성충(亞成蟲)이라 한다) 허물을 벗고 변신해서 성충이 되어 하늘로 날아오른다. 단순히 공중을 나는 것처럼 보이지만 실은 짝을 찾아나서는 것이다. 그 하루를 위해 하루살이는 3년이라는 긴 세월을 기다리고 기다렸던 것이다.

하늘로 날아올랐다가 물 위로 곤두박질하는 사랑 행위를 반복한 끝에 암수가 만난다. 만나자마자 수놈은 긴 앞다리로 암놈의 날개 안쪽을 움켜잡고 암놈은 이에 질세라 3쌍의 다리로 수놈의 등을 살짝 감아 포옹한다. 이놈들은 나는 재주가 남달라 우리 눈에는 어지러울 정도로 재빠르게 날면서도 짝짓기를 한다. 때도 좋은 오뉴월 해 질 무렵 이 축제가 열리는데 5월이 절정기라 하루살이를 서양 사람들은 Mayfly라 하는 모양이다.

젖 먹던 힘까지 정자를 쏟아 뿌린 수놈은 그 자리에서 곧바로 떨어져 고깃밥이 되지만 암놈은 아직 할 일이 남아 있다. 암놈은 배로 수면을 할랑할랑 치면서 좌우 2개의 수란관에서 4,000개의 알 덩어리를 떨어뜨린다. 어떤 종의 암놈은 물속으로 잠수하여 돌에 알을 붙이기도 한다. 어쨌거나 산란한 후 암놈도 수놈을 뒤따라 죽는다. 하루를 살다가니 하루살이란 이름이 격에 맞고 마땅하다.

하루살이 암놈이 산란할 저녁쯤이면 허기진 피라미 놈들은 죽어가는 암놈을 먹겠다고 들날뛰기 시작한다. 그때면 피라미를 노리는 밤낚시꾼도 자리를 펴고 앉는다. 일종의 '먹이사슬'인 셈이다. 하루를 살아도 새끼를 뿌리고 죽는 그놈들의 생명력이 엔간하다. 죽음은 급살이 제일이라지만 고작 이틀도 못 살면서도 하루살이는 찍소리 안 하고 떠나는데 우리네 인간은 어찌하여 넌덜머리가 나도록 그렇게 불평불만이 많은 것일까. 알다가도 모를 일이다.

몸짓으로 말하는 꿀벌

"꿀은 달아도 벌은 쏜다."라고 한다. 힘들이지 않고 되는 일이 없다는 충고이다. 뱀이 먹은 이슬방울은 독이 되지만 벌이 따 먹은 것은 달콤한 꿀이 된다.

벌은 절지동물문 곤충강(綱)에 든다. 더 아래로 내려가면 날개가 얇은 막 같아 개미무리와 함께 막시목에 속한다. 꿀벌, 호박벌, 말벌, 맵시벌, 땅말벌(땡삐) 등 종류가 많고 세계적으로 10만 종이 넘는다. 꿀벌도 유럽계, 아시아계 등 여러 계통이 있다.

벌은 한 마리 여왕벌과 300여 마리의 수펄, 나머지 일벌이 무리를 지어 6, 7만 마리가 함께 산다. 전형적인 계급제로 질서를 철저하게 지키며 살아가는데 한마디로 분업이 잘 되어 있는 동물이다.

감나무 이파리가 다 자란 어느 날, 집 기둥에 새끼줄로 매어 둔 벌통의 벌들이 그날따라 갈팡질팡 분주하게 들락거리더니 급기야 마당 한가운데에서 들끓는 것이 아닌가. 하도 어수선하여 어린 마음에 저 놈들이 도망을 가려나 새끼를 치려나 어리벙벙하여 있는데 30분도 채 안 되어 쨰보 입술 같은 벌통 밑으로 모두 빨려 들어갔다. 알고 보니 일평생 한 번밖에 없는 여왕벌의 밀월여행이었던 것이다. 그 시간이 30분도 안 되니 사람의 신혼 밀월의 한두 달에 비하면 긴 걸까 짧은 걸까? 공중에서 처녀 여왕벌이 수펄(보통 한 마리만 짝짓기 한다)에게서 씨를 받는 동안 일벌들이 경호하느라 그렇게 야단법석을 떨었던 것이다.

여왕벌은 길고 넓은 민틋한 왕대(王臺)에서 왕젖(로열제리)을 먹고 자라 번데기가 되었다가 날갯짓하고 나온 놈이다. 일주일이면 짝짓기 하고 하루이틀 지난 후부터 알 낳기를 시작하여 하루에 1,500~3,000개씩 3년 가까이 알만 낳다 죽는다. 평생 한 번만 짝짓기 하며 그때 받은 정자를 저정낭이라는 주머니에 넣어 놓고 죽을 때까지 꺼내어 쓴다.

산란 시에 저정낭을 열면 정자가 쏟아져 알과 수정되는데 이 중 제일 잘 먹고 좋은 집에서 큰 한 놈만 여왕벌이 된다. 못 먹은 놈들은 일벌이 된다. 이때 주머니를 닫고 산란하면 홀알이 발생을 하니 정자를 못 받은 이 홀알이 커서 머저리 수펄이 된다.

왜 '머저리 수펄'일까? 수펄은 어미인 여왕벌이 처녀생식한 것으로 염색체도 일벌의 반밖에 되지 않는다. 침이 없고 몸빛은 거무스름하며 덩치는 일벌보다 좀 크다. 수펄은 무위도식하다가 기껏해야 밀월여행에서 짝짓기 한 번 하고(그것도 기회가 오기는 하늘에서 별 따기이다) 여름이 지나면 굶주린 채 일벌에게 집 밖으로 끌려 나가 죽임을 당하고 만다.

이렇게 폐기 처분을 당한 수펄에게 어찌 연민의 정을 느끼지 않겠는가. 필자가 남자라서 더욱 그런지 모르겠으나 괘씸하고 떨떠름한 생각마저 든다. 하물며 달콤한 꿀을 만드는 벌도 저럴진대……. 그래서 늙으면 자식들이 지게를 만지나 싶어 자꾸 마당을 내다보게 된다던가.

일벌은 애벌레 때 못 얻어먹어 몸도 작고 생식기관까지 발달하지 못하여 평생 동안(길어야 고작 40일 정도 산다. 겨울에는 죽지 않는다) 집 안청소, 집 짓기, 문 지키기, 새끼 키우기, 꿀 따기, 꽃가루 모아 나르기, 날개 흔들어 꿀 말리고 벌통 속 환기 시키기 등 일만 많이 한다. 아마 지금까지 시큰둥했던 여성 독자들은 이 대목이 최고로 마음에 들리라. '일벌 신세나 내 꼴이나.' 하고 말이다.

사실 수펄 녀석은 무능하여 집지킴이 짓도 못해서 도둑이 들면 일벌이 먼저 나가 원래는 알을 낳으려고 생겼던 산란관이 변한 침으로 쏘아 자결까지 불사하니 일벌이 힘든 신세임에는 틀림없다. 그렇다면 여왕벌은 놀고 먹기만 하는지 보자.

알 하나의 무게가 0.5밀리그램이고 여왕벌의 체중(?)이 0.3그램 정도라니 하루에 3,000개를 낳는다면 제 몸 다섯 배 무게의 알을 낳는 게 아닌가. 아무리 좋은 꿀과 꽃가루를 먹는다 해도 제 몸뚱이보다 몇 배나 무거운 알을 매일 낳는 여왕벌도 힘들다. 알고 보면 '너는 편하고 나는 죽겠다.'라는 것은 없다. 벌들도 묵묵히 제 일을 염통에 불이 나도록 하면서 살아가는 것이다. 새벽같이 날갯짓하여 힘든 일 마다 않는 벌의 근면성이 마냥 부럽다.

"벌 쏜 사람 같다."라거나 "벌집을 건드렸나."라는 말을 들을 때마다 그 일이 생각난다. 지금도 어이없고 시답잖아서 쓴웃음을 금치 못하겠다. 해가 뉘엿뉘엿 넘어가는 늦은 오후였다. 신작로 가 검불밭에 있는 땡삐집에 돌팔매질을 실컷 해 놓고 냅다 강둑 밑으로 달려갔다.

그러고는 바싹 엎드린 채 모가지만 삐쭉 내밀고 시장 갔다 오는 아주머니들을 흥미진진하게 훔쳐보았다. 아니나 다를까. 어느새 아주머니들이 머리에 이고 왔던 장바구니를 내려 들고 날뛰었다. 못된 악동놈들은 머리통을 서로 부비면서 곱창 순대가 터지도록 웃어젖혔다. 나이를 먹으면 기(氣)는 물론이고 장난기도 줄어드는 것일까. 어린아이처럼 호기심이 많아야 젊어지고 창조성도 높아지고 진취적인 사람이 된다고 하는데 말이다.

어떤 벌은 땅벌처럼 땅을 파서 살기도 하고 바위 틈이나 나무 밑에 집을 짓고 살기도 한다. 왁스로 집을 짓는 놈이 많지만 나무껍질로 정교하게 짓는 놈도 있다. 어떤 사람들은 벌집이 약이 된다고 나무 밑을 파내서 새끼, 어미 들이 들어 있는 것을 통째로 술에 담가 먹는다. 몬도 카네가 따로 없다. 이제는 벌까지 수난을 당하니 말이다.

사람이 벌보다 머리 하나는 좋아 통나무에 큰 구멍을 뚫거나 나무 상자를 짜서 벌을 모아 키워 벌들이 모은 꿀을 빼앗아 먹는다. 그 짓이 지혜로워 보이기보다 고약해 보인다. 꾀 많은 양봉 업자들은 밀원(蜜源)을 찾아 이 산 저 산을 찾아다니는데 줄줄이 놓아둔 그 많은 벌통을 볼 때마다 생각하는 것은 벌들이 어떻게 저렇게 많은 통 중 제 것에 찾아들까 하는 것이다. 사람이 아파트 몇 동 몇 호를 찾아들 듯이 말이다. 사실 다른 집 벌이 들어오면 문지기벌이 몸 냄새로 딴 집 벌임을 제꺽 알아차리고 당장 쫓아내거나 물어 죽인다고 한다. 영리하기 짝이 없다.

벌들은 또 꿀이 있는 곳을 어떻게 알까. 이런 의문을 풀기 위해 많은 사람들이 여러 실험 관찰을 해 왔다. 벌써 일찌감치 1920년에 독일의 프리슈(Frisch)가 벌 한 마리가 꿀 있는 꽃을 발견한 후 집으로 돌아와 친구 벌들 앞에서 팔(8) 자 춤을 춘다는 사실을 발표하였다. 이렇게 동물의 행동을 연구하는 학문이 행동학(行動學)이다. 프리슈는 가시고기의 행동을 연구한 틴버겐, 새를 연구한 로렌츠(Lorenz)와 함께 생물학의 새로운 분야를 개척한 공로로 1973년에 노벨상을 받았다.

소금이 그렇듯이 꿀도 썩지 않는다. 배에서 토해 낸 꿀을 일벌들이 날개를 세차게 흔들어 수분을 몽땅 증발시켰기 때문이다. 또 꿀은 소독력이 있어 부르튼 입술에 바르기도 하고 술 깨는 데도 좋아 과음한 다음 날 숙취를 없애려고 물에 타서 마시기도 한다. 이집트에서는 신랑이 신부에게 꿀단지를 주면서 청혼하고 로마에서는 결혼한 날 밤 신혼부부가 우유, 꿀, 양귀비즙을 마셨다고 한다. 그리스에서는 대문 위를 가로지른 나무에 꿀을 발라 액운을 막았으며 헝가리 어느 도시에서는 혼인신고를 하면 벌통 하나를 줬다고 한다.

벌은 1초에 6미터를 날고 대략 4킬로미터 안에서 활동한다고 한다. 그러면 어떻게 벌이 꽃이 있는 그 먼 곳을 알고 찾아갈까. 꽃을 발견한 벌이 집에 돌아와 벌집벽(세로로 됨)에 팔 자 모양으로 춤을 추면 다른 벌들이 그것을 보고 꽃이 있는 곳으로 달려가는 것이다.

벌은 태양을 기준으로 하여 먹이가 있는 곳을 다른 친구들에게 알린다(시계를 떠올리면 이해하기가 쉽겠다). 12시 쪽에 지금 태양이 있다고 치자. 벌이 4시 쪽으로 머리를 두고 팔 자를 그리며 춤을 추면 태양(12시 쪽)과 각도가 120도가 되니 그 쪽에 꽃이 있다는 뜻이고, 9시 쪽을 보고 움직이면 태양과 90도 왼쪽에, 12시 쪽이면 태양 쪽에, 6시 쪽이면 태양 반대쪽에 꿀이 있다는 뜻이다.

그림을 보면서 한번 더 알아보자. 그림에서 벌집과 태양을 중심으

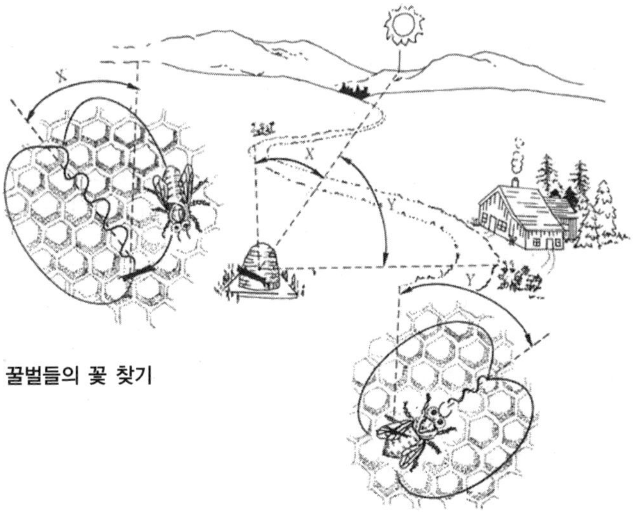

꿀벌들의 꽃 찾기

로 해서 X, Y 각도 양끝에 꽃이 있다. 그래서 그림의 왼쪽 벌은 집에 와서 벌집벽에서 무한대(∞)를 그리며 춤을 추는데 팔 자 가운데 자리에서 꼬불꼬불 움직이는 것이 결정적으로 방향을 제시하는 것이다. 즉 태양에서 X각 쪽에 꿀이 있다고 알려 준다. 오른쪽 Y 각도의 의미도 독자들은 해석할 수 있을 것이다. 그놈들의 재주도 용하지만 그것을 알아낸 프리슈도 정말 보통이 아니다.

자, 방향은 춤으로 알려 줬다면 거리는 어떻게 알릴까. 50미터 이내에 꿀이 있으면 배를 흔들면서 둥글게 춤을 추고, 100미터 거리에 있으면 일정한 거리를 왔다 갔다 하면서 엉덩이를 수직으로 30초에 18~20번을 흔든다. 300미터 거리면 14번, 1,000미터면 8~10회, 6,000미터가 넘으면 2번 흔든다고 한다. 즉 멀리 있을수록 엉덩이를 흔드는 횟수가 준다. 이렇게 방향과 거리가 결정되면 동료 벌들은 태양을 기점으로 먹이를 찾아 나서는 것이다.

근래 연구에서는 벌이 냄새, 소리까지도 감각하는데 더듬이 두 번째 마디에 있는 존스톤 기관(Johnston's organ)이 그 일들을 맡는다는 사실을 알아냈다. 다 소개하지 못해 아쉽지만 벌이 20~302헤르츠까지 소리를 듣는다는 것도 밝혀졌다. 말을 못하는 사람들이 손짓발짓으로 의사소통을 하듯이 벌들도 춤이라는 몸짓을 사용하는 것이 참 흥미롭다. 종에 따라 서로 알리는 방법도 조금씩 다르다니 경상도, 전라도 사투리 정도의 차이인가 보다.

양벌 등쌀에 맥을 못 추는 토종벌과 양벌의 몸짓도 조금은 다르겠다. 얼간이 마음속에 부처가 들어 있다고는 하지만 어찌 벌들이 저런 교묘한 수법을 동원하여 의사소통을 한단 말인가. 아직 알지 못해 그렇지 이보다 더한 일들이 생물들 사이에서 일어나고 있을 것이다. 그래서 생물학은 절묘하고 재미있는 분야임에 틀림없다.

> 어느 날 남쪽 하늘에 작은 구름이 나타나 처음에는 지평선에 가냘픈 안개같이 걸려 있었으나 바람 밀려드는 구름같이 한참 동안 움직이지 않더니 드디어 부채꼴을 펴 나갔다. 마을 사람들은 공포에 떨었고 드디어 풀무치의 대군(大群)이 밀려와 그들의 작물을 먹어 버리는 것을 어찌할 수가 없었다.

펄벅의 『대지』에 나오는 한 대목이다. 흔히 말하는 '풀무치 떼'의 비상과 그 앞에서 무력한 인간들의 모습을 잘 표현하고 있다.

우선 여기서 풀무치와 메뚜기를 구분해 보는 것이 옳겠다. 둘 다 곤충으로 메뚜기목 직시류(直翅類)에 속하나 종은 다르다. 풀무치는 영어로 locust, 학명은 *Locusta migratoria danica*이다. 유충기에 모여 살고, 날개가 길고 뒷다리가 작아 멀리 날기에 알맞은 몸 구조이다. 반면 메뚜기는 영어로 grasshopper, 학명은 *Oxya velox*로 풀무치에 비해 뒷날개가 겨우 배를 덮을 정도로 날개가 짧다. 뒷다리가 커서 뛰는 데 적합하다. 그래서 먼 곳에서 수십 억 마리가 떼 지어 와 곡식을 먹어 치우는 놈들은 메뚜기가 아니라 풀무치라 하는 것이 옳다. 태아의 머리가 위로 가게 '꺼꾸리'로 그리거나 날개가 한 쌍(2장)인 모기나 파리의 날개를 4장으로 그리거나 풀무치의 대이동을 벼메뚜기가 나는 것으로 묘사하거나 하는 만화가나 화가가 없었으면 하는 바람도 이 글을 쓰는 목적 중 하나이다.

여기서 풀무치의 세계 공동 표준어인 학명을 따서 몇 마디 보태 본다. *Locusta migratoria danica*가 이탤릭체로 쓰여진 것을 볼 것이다. 다른 것과 구분하기 위해 학명은 이탤릭체로 쓰도록 세계 동식물 명명규약에 규정되어 있다. 그런데 신문에는 물론이고 약이나 치약 등의 광고에 동식물 학명이 버젓이 정체로 쓰여 있는 것을 보는데(거의 대부분이 그렇다) 사실 한심한 생각이 들 때가 있다. 기본 공부가 안 되어 있는 것이다. 활자에 이탤릭체가 없는 부득이한 때는 학명 밑에 밑줄을 긋도록 약속이 되어 있다.

학명은 모두 라틴어로 써야 하고 제일 앞의 속명은 대문자, 다음의 종명과 끝의 아종명(亞種名)은 소문자로 써야 한다. 그런데 속명과 종명 모두 큰 글자로 쓰는 광고 또한 대부분이다. 풀무치의 종명인 라틴어 *migratoria*는 '이동성'이란 뜻이고 속명 *Locusta*는 풀무치란 뜻인데 이렇게 학명에는 그 생물의 특징이 담겨 있다. 사람의 학명인 *Homo sapiens*도 *Homo*는 라틴어로 '영장류'란 뜻이고 *sapiens*는 영리하다는 뜻이다. 이름을 붙인 린네도 사람의 특징을 영리하다는 데 두고 있다.

다시 본론으로 돌아가서 '메뚜기도 오뉴월이 한창'이라는 말은 한창 운이 트고 번성하는 전성기는 짧다는 뜻이면서 제때를 만난 듯 날

뛰는 자를 비꼬는 말이기도 하다.

메뚜기목에는 방아깨비, 풀무치, 송장메뚜기, 하루살이 등이 있는데 사실 메뚜기(벼메뚜기)는 곤충의 특징을 다 가져 곤충의 모델로 실험 대상이 된다. 몸은 머리, 가슴, 배 세 마디로 되어 있고 가슴부에 3쌍의 다리와 2쌍의 날개가 붙어 있으며 뒷날개가 보드라운 앞날개를 덮고 있다. 2개의 큰 겹눈이 있고 그 사이에 3개의 홑눈이 있어 겹눈은 물체를 보고 홑눈은 명암을 구별한다. 그러니까 눈이 다섯 개인 동물이다!

메뚜기는 암놈이 수놈보다 크다. 그래서 가을이면 꼬마 수컷이 암놈 등에 붙어 짝짓기 하는 광경을 곧잘 볼 수 있다. 그렇게 짝짓기 한 후 암놈은 꼬리 끝의 뾰족한 산란관으로 흙을 파서 알을 낳는다. 알은 흙 속에서 월동하고 늦봄에 새끼메뚜기로 나와 어미가 되는 불완전변태를 한다. 메뚜기는 잡히면 입에서 누르스름하고 끈적한 액을 분비하는데 이것이 메뚜기 침이다. 어느 동물이나 나타내는 반응이며 뱀의 독 분비와 다름없다.

메뚜기는 배의 마디마디에 숨구멍이 뚫려 있어 배가 볼록볼록할 때마다 그곳으로 공기가 드나든다. 숨구멍은 사람의 콧구멍과 같은 구실을 한다. 소리를 내는 곤충들은 하나같이 귀가 배에 있는데 가슴에서 가까운 제1배마디 중간 위에 얇은 고막으로 귀가 덮여 있다. 풀무치, 귀뚜라미, 매미 등도 같은 곳에 귀가 있다.

메뚜기는 어린 시절 가을 들판에서 많이 잡았고 날개를 떼고 기름에 볶아 도시락 반찬으로 즐겨 먹었다. 요새는 고급 술집에서나 볼 수 있어 필자의 지인은 논에 벼를 심고 넓게 비닐을 씌어 메뚜기를 키웠다고 했다. 지금은 어떻게 되었는지 모르겠지만 그것도 아마 중국산, 북한산 메뚜기에 밀려났을 것이다. 몇 월 호인지 기억이 안 나나 『리더스 다이제스트』에서 '한국에서는 메뚜기를 키워 먹는다'라는 좋은 취지의 글을 읽었다. 이렇게 요새는 물고기도 메뚜기도 모두 키워 먹는다. 필자가 메뚜기를 잡을 때는 병도 귀하고 비닐도 없었으니 강아지풀 꽃대에 메뚜기를 꿰어 대롱대롱 집에 들고 갔었다. 아직도 메뚜기가 살아 있다고 메뚜기 잡는 장면을 보여 주는 텔레비전 프로그램이, 아이들 교육에 좋지 않다고 주장하는 사람도 있는데 배기 불러 하는 소리가 아닌가 싶다.

지구의 인구가 만 년 전만 해도 겨우 2,500만 명이었지만 지금은 57억이 넘어 인구 문제가 심각하다. 그러나 인구는 재산이고 사람은 다 제 먹을 것을 가지고 태어난다며 대수롭지 않게 여기는 쪽도 있다. 하늘은 먹을 것이 없는 사람을 낳지 않고(天不生無綠之人), 땅은 이름 없는 풀을 낳지 않는다(地不生無名之草)는 주장이다.

풀무치 떼가 한번 떴다 하면 1,000억 마리가 넘는 경우가 허다하니 이것에 비하면 몇십 억 인구는 새발의 피이다. 풀무치 떼는 군집 본능이 강해 한두 마리 길앞잡이가 날기 시작하면 그것을 신호로 모두 따라 난다고 한다. 그러니 1,000억 마리의 풀무치가 일제히 날면 그것이 '구름' 덩이로 보일 만하다. 이놈들은 비행 속도가 1초에 5.5미터이고 엄청나게 튼튼한 날개근육을 가져 16~18시간은 예사이고 24시간 동안 계속 비행할 수 있다.

대발생원 지역은 주로 중국 황하 연안, 필리핀 민다나오 섬, 소련 카스피 해, 아프리카의 잠비아 등지이다. 황하의 경우는 건조기가 2, 3년 지나면 떼 발생을 한다는데 비가 많이 오면 흙 속에 낳은 알이 죽어 버리나 계속 건조하면 발생이 쉽기 때문이다. 우리나라는 아직 그런 예가 없는 것을 보면 역시 땅이 너른 곳에서 풀무치도 많이 생기는 모양이다.

그러면 풀무치를 방제하는 방법은 없을까. 아프리카는 비가 와도 탈이고 비가 안 와도 탈이다. 비가 안 오면 곡식이 타 죽고 비가 오면 풀무치에게 곡식이 다 먹힌다는 것이다. 아프리카는 중국과 달라 비가 많이 오면 풀무치 알의 발생 조건이 좋아져서 대량 발생을 하기 때문이다. 어느 해인가 수단, 에티오피아 등지에서는 풀무치를 죽이려고 자그만치 130만 리터의 살충제를 퍼부었다고 한다.

이제는 농약 문제까지 겹쳐서 정말로 악순환의 고리가 끊기지 않는다. 새로 찾아낸 방법 중 하나가 생물 방제법인데 '시한폭탄 포자'를 풀무치에 뿌리면 포자가 균사를 내어 10일이면 곤충을 균사로 꽉 채워 죽이는 것이다. 음지의 꽃이라는 버섯 중에 동충하초(冬蟲夏草)라는 것이 있다. 벌, 나방, 하늘소 같은 곤충에 균사를 싹 틔워 벌레 살을 녹여 먹으면서 자라는 버섯인데 바로 이 원리를 이용하여 풀무치 떼를 방제하겠다는 것이다. 버섯에 떼죽음을 당한 벌, 딱정벌레, 지네 등이 산골짝 구석구석에 많다. 사람 머리가 어디까지 가려는지 모르겠다.

빈대 벼룩의 운명도 끝장났다

회충 같은 체내 기생충은 물론이고 이제는 이, 빈대, 벼룩 등 체외 기생충도 눈을 씻고 찾아봐도 없다. 필자가 어릴 때만 해도 몸뚱이에는 물론이고 까치집 머리에도 거무스름한 머릿니가 들끓어 이 잡기가 하루 일과 중 하나였다.

이는 곤충 중 이목에 들고 회백색으로 날개와 눈이 완전히 퇴화한 대신 발톱 끝이 갈고랑이처럼 생겨 달라붙는 재주가 매우 뛰어나다. 몸길이가 암놈이 수놈보다 조금 커서 3.3밀리미터, 수놈이 2.3밀리미터이다. 옷감 색을 보호색으로 삼아 노인들 눈에는 잘 보이지도 않는다. 섬유성 옷보다 무명옷을 더 좋아하고, 따스한 겨드랑이나 사타구니를 좋아한다. 암놈은 그런 곳 옷솔기에 하루에 5~10개의 하얀 서캐(알)를 낳는다. 서캐는 일주일 후면 부화되어 세 번 껍질을 벗고 열흘 후면 성충이 된다. "가랑니(서캐에서 막 깨어난 이)가 더 문다."라는 말은 이때를 가리킨다. "이 잡듯 한다.", "서캐(서까래) 훑듯 한다."라는 말처럼 머릿니는 살이 가늘고 촘촘한 참빗으로 싹싹 빗어 잡았다.

옷엣니는 내복을 까뒤집어 딴에는 샅샅이 뒤져 잡아도 씨가 남기 일쑤이다. 그래서 쇠죽솥에 옷을 삶아 입기도 했다. 억장이 무너지는 이야기이다. 언니가 동생 머리카락에 주렁주렁 연달아 붙은 은빛의 하얀 서캐를 두 손톱으로 꼭꼭 눌러 죽이는 동안 동생은 언니 치마폭에 고개 처박고 소르르 잠이 들곤 했다. 밤에는 초롱 밑에서 낮에는 양지 바른 언덕배기 짚가리에서 궁상맞게 퍼질러 앉아 무명 저고리를 벗어젖히고 서캐를 훑었다. 암울하고 참담했던 그 시절이 그리워지는 것은 나이 탓이리라. 못 먹어도 정이 넘치던 그 시절이 애절하기만 하다. 그래도 그때 군인들은 사정이 나아서 겨드랑이에 미군이 준 DDT 봉지를 차고 다녔다. 그렇게 위력을 부리던 DDT도 인체에 해롭다는 판정을 받은 후에는 지구에서 퇴역하고 말았지만 말이다.

몸니는 학명이 *Pediculus humanus corporis*이고 머릿니는 *P.h.capitis*로 같은 종이기는 하나 성질이 달라 아종으로 나뉘어 있다. 그것은 몸니가 머리로 올라가 머릿니가 되거나 그 반대로 되는 것이 아니라는 것을 말한다. 머릿니는 머리카락 색에 따라 보호색을 가져 아마 미국 사람들의 머릿니는 갈색에 가까울 것이다. 머릿니는 몸니보다 조금 작고 머리카락에 서캐를 붙이는 습성이 있는 머리에만 사는 놈이다.

세계적으로 220여 종의 이가 있는데 이놈들 모두가 땀 냄새 물씬 나는 무명옷을 좋아하고 임자몸 포유류에만 기생한다. 사람니는 사람의 피만 빨아먹는데 발진티푸스나 재귀열과 같은 병을 옮기기도 한다. 이의 피로 혈액형을 검사하여 범인을 잡기도 하는데 B형인 한 여인의 시체에서 A형인 남편의 것이 아닌 O형의 피를 찾아내는 식이다.

시체에 달려드는 곤충들의 순서가 달라 곤충을 법의학에 이용하기도 한다. 죽은 지 8~14시간쯤에는 큰검정파리가, 3~6일 지나면 나방이, 10일 정도면 애기꽃파리가, 1년이 지나면 진드기가 모여든다는 것이다. 파리의 알이 구더기가 되지 않았다면 살해된 지 14시간이 지나지 않았다는 이야기이다.

그건 그렇다 치고 어찌하여 그 많던 이가 요새는 씨가 말라 버렸을까. 앞에서 서캐가 부화하여 껍질을 세 번 벗는다고 했는데, 옛날에는 겨울 내복을 한 번 입으면 한 달이고 두 달이고 걸치고 있었으니 어미이 되기가 쉬웠다. 그러나 요새는 시도 때도 없이 세탁을 하고 또 세탁 때 독성이 강한 세제를 쓰니 죽어 없어진 것이 아닌가 싶다. 또 집집마다 연탄을 때기도 했으니 연탄가스에 죽지 않았나 싶다. 머리도 하루가 멀다 하고 털 빠지게 하는 샴푸를 발라 씻어 대니 이새끼들이 견디지 못했으리라.

여기서 연탄가스 이야기는 그 많던 빈대나 벼룩이 없어진 것을 미뤄 볼 때 상당히 설득력이 있다. 벽지 틈이나 목재 가구 사이에 빼곡히 피똥을 발라 놓던 빈대와 벼룩들이 사라졌으니 말이다. 그러나 이놈들이 문틈이나 벽 사이로 스며든 연탄가스의 일산화탄소에 중독되어 죽어 나자빠진 대신 없던 바퀴벌레들이 득세하여 설쳐 대고 있다.

빈대는 알을 사람 옷이나 머리에 낳지 않는다는 점에 유의해야 한다. 5밀리미터밖에 안 되는 이놈들은 제가 사는 곳에 하루에 5개 정도의 알을 낳는데(암놈 한 마리가 200개까지 낳는다) 부화 후 5번이나 허물을 벗고 약 1달 뒤면 성충이 된다. 사람은 이, 빈대보다 독하고 질겨서 끄떡없이 살아남았다. 알고 보면 사람만큼 독한 동물도 없다.

이제 골목을 쩌렁쩌렁 울렸던 "솥이나 냄비, 두레박, 물통 때우시

오!”, “빈대약 뿌려!” 하는 소리도 빈대와 함께 영영 사라지고 말았다. 생자필멸(生者必滅), 태어나면 반드시 한 번은 죽어야 하는 법. 그러나 두레박 같은 정겨운 풍물(風物)들도 홀대를 받아 하나씩 역사의 뒤안길로 사라지니 참 안타깝다.

너무나 염땅머리(염치)없는 사람을 핀잔 줄 때 “빈대도 콧등이 있다.”, “족제비도 낯짝이 있다.”, “벼룩도 낯짝이 있다.”라고 한다. 빈대는 반시(半翅)목으로 노린재와 비슷한 곤충으로 죽이면 고약한 노린내가 난다. 노린재는 눈이 퇴화된 반면 벼룩과 빈대는 또렷한 겹눈이 있다. 벼룩이 양 옆으로 짜부라진 형태라면 빈대는 위에서 누른 납작한 모습이다. 여북하면 ‘빈대떡’이라는 말이 생겼겠는가. 몸빛은 갈색이다.

이놈들은 철저하게 야행성이라 어슴푸레해져야 설쳐 댄다. 허름한 여관방에서 불을 끄고 있노라면 이 녀석들은 이슬비 내리는 소리를 내면서 사람 피 냄새(사실은 피 냄새가 아니다)를 맡고 벽을 타고 내려오곤 했다. 오죽 분통이 터지면 빈대 미워 집에 불을 놓는다고 했겠는가. 불을 켜면 어딘가로 숨어들었다가 어둑하면 중뿔나게 기어나와 밤잠을 설치게 사람을 골탕 먹였던 덧정 없는 놈들이다.

이놈들은 한번 어귀어귀 배불리 먹고 나면 아무것도 안 먹고 1년을 버티는 독종으로 모기처럼 한사코 단 피만 골라 빤다고 한다. 유달리 벌레 타는 사람이 있다. 나와 집사람이 같이 자면 모기가 나한테만 몰려드는데 이놈들도 사람을 차별한다. 옛날에 어느 효자는 여름밤 부모 방에 홀딱 벗고 들어가 모기, 빈대한테 부모 대신 헌혈(?)하고 나왔다고 한다. 우리를 꿀리게 만드는 효심 어린 이야기이다.

미국 사람들은 빈대를 bed-bug라고 한다. 그곳에도 빈대가 많이 살았던 모양이다. 그런데 빈대가 처음부터 사람에게 기생하였을까 하는 의문이 생긴다. 박쥐빈대가 사람의 것과 비슷한 점에서 애초에는 동굴에서 살다가 동굴 생활을 했던 우리의 옛 조상들과 인연(악연?)을 맺었을 것이라고 유추하는 사람도 있다.

빈대의 생식법이 남다르다. 하등동물이라 역시 암놈이 수놈보다 크며 암놈의 9개 배마디 중에서 중간 배마디 오른쪽 옆에 교미공(交尾孔)이 있는데 이 기관을 '리바카'라 한다. 작은 수놈은 암놈의 등에 올라타 뾰족한 음경으로 리바카 근방에서 숫기를 부리다 사정한다. 제대로 삽입도 못한 상태에서 뿌려진 정자는 혈관을 타고 몸 구석을 돌다가 난소까지 찾아들어 그곳에서 수정된다. 암놈은 배 끝에 있는 산란공으로 알을 낳는다. 회충의 유충이 핏줄을 타고 온몸을 도는 것처럼 빈대의 정자도 암놈 속을 일주한다니 별난 놈이다.

옷자락, 머리카락에는 이가 득실거리고 문틈과 궤짝 모서리에는 빈대가 빠끔히 내려다보고, 방바닥에서는 벼룩 놈이 높이뛰기를 하는 그런 환경에서 우리 촌놈들은 먹고살았다. 세 끼니를 송기떡이나 보리죽으로 때우고 겨우 연명하며 살지 않았던가. 매구(천 년 묵은 여우가 변하여 된다는 상상의 짐승) 같은 이 벌레들에게 살이 뜯겨 가면서 말이다. 사실 원시인이나 진배없었다. '벼룩이 꿇어 앉을 공간도 없는' 작은 방에서 옹기종기 모여 살았으니 말이다. '벼룩 간을 내먹는' 게 아니라 도리어 '선지피'를 빼앗기면서.

사람 몸에 기생하는 사람벼룩 외에도 벼룩목에는 쥐벼룩, 개벼룩 등이 있다. 이놈들은 몸길이가 2~4밀리미터로 눈은 쥐눈처럼 초롱초롱하고 배가 유달리 크다. 날개는 퇴화된 반면 뒷다리가 억세어 제 몸의 100~200배, 멀리는 40미터를 뛴다고 한다. 이런 경우 '뛴다'는 표현보다는 요새 유행하는 말로 '톡톡 튄다'고 해야 옳을지도 모른다. 이놈은 벼룩일지언정 낯짝이 있고 또 그 빛이 적갈색이어서 가까이에서 보면 광택이 날 정도로 혈색(?)이 좋다. 벼룩은 너무 작고 날쌔기에 잡기가 참 힘들다.

벼룩은 완전변태를 한다. 반투명한 알은 부화되어 백색 원통형의 유충이 되고, 애벌레는 방바닥의 먼지(사람의 몸에서 떨어진 때 등)를 먹고 커서 고치를 만들고, 번데기가 되었다가 성충이 되어 나온다. 앞에서 말한 쥐벼룩도 비슷한 발생을 한다. 이놈 쥐벼룩은 사람의 피도 빠는데 페스트균을 가져 한때 유럽 인구의 25퍼센트를 죽인 흑사병을 매개한 주범이다. 발진티푸스도 이 쥐벼룩이 옮긴다. 1994년에 인도에서 재발한 폐페스트도 이들 쥐벼룩이 원인이었다. 쥐벼룩 방제법은 알과 유충, 번데기(눈에 잘 보이지 않는다)가 사는 방구석을 깨끗하게 청소하고 쥐를 잡는 것이다.

사람벼룩은 페스트를 안 옮긴다는 기록이 있는데 그것이 사실이라면 쥐벼룩이 쥐를 죽이지 않듯이 임자몸을 죽이지 않아야 제가 산다는 자연법칙을 벼룩이 터득한 영리한 행위라 하겠다.

지금까지 멸종 직전에 놓인 빈대, 벼룩 이야기를 조금 늘어놓았다. 정녕 이들은 지구에서 사라지고 말 것인가. 많은 사람을 곰보로 만들었던 천연두를 이제는 미국, 러시아의 연구소에서나 겨우 볼 수 있는 것처럼 이들의 운명도 그리 되진 않을까. 오늘도 하루에 100여 종의 생물들이 지구를 떠나고 있다.

나비 나방이

봄은 사람을 시인으로 만들고 가을은 철학자로 만든다던가. 비목에 수액이 흐르고 석불(石佛)에 피가 흐르게 하는 봄이다. 봄은 모든 풍파를 잠재우고 따스한 미소로 모든 것을 녹인다. 화단의 상사화(相思花)가 노란 머리를 내밀고 때맞춰 영춘화(迎春花)의 샛노란 꽃망울이 터지면 나는 봄맞이굿이라도 하고 싶어진다. 이때면 지렁이도 고무락고무락 땅 위로 올라오기 시작하고 가랑잎 덮인 나무 밑동에 끼어 있던 배추흰나비의 번데기도 기지개를 켠다.

"봄바람에 처녀 젖가슴 튼다."라고 아직 볼에 와 닿는 바람이 찬데 우연찮게 밭 가에서 팔랑팔랑 날아가는 흰나비와 맞딱뜨리면 '아, 벌써 나비가……. 흰나비로구나!' 하고 본다. 그러다 얼른 두 손으로 얼굴을 가린다. '아니야, 나는 흰나비를 보지 않았어!' 하면서 어린 필자는 고개를 절래절래 흔든다. 그해 봄 흰나비를 제일 먼저 보면 "엄마 죽는다."라는 말을 들었기에 그랬다. 그리하여 '흰나비'의 영상은 지금도 꺼림칙하게 내 마음에 남아 있다.

생물계를 잘 들여다보면 어미와 새끼는 먹이와 공간의 다툼을 피해 슬기롭게 살아간다. 사실 사람을 포함한 생물의 싸움은 모두가 먹이 싸움이요, 터 뺏기 투쟁이다. 사람들이 목숨과 맞바꾸면서까지 권력, 재산, 명예라는 삼부[불경에서는 三惡(삼악)이라 한다]를 좇는 것도 모두가 잘 먹고 큰 집을 소유하려는 하나의 생물적 본능이다. 먹이와 공간의 확보 없이는 종족 보존이 불가능하기에 생물들은 생명을 걸고 치열하게 싸우고 있다. 그런데 나비 등은 생물학에서 말하는 '다형질화현상'이라는 장치를 통해서 경쟁을 피한다. 대표적인 예로 나비와 나방이를 소개하겠다.

나비 중에서도 가장 많이 관찰할 수 있는 배추흰나비를 보자. 배추흰나비는 땅속에서 월동한 번데기가 이른 봄에 껍질을 벗고 성충이 된 것으로 밭 가를 날아다니면서 냉이, 배추, 무 꽃의 꿀을 먹고산다. 배추흰나비처럼 초봄의 나비를 봄형이라 하는데 이들은 모두가 여름형보다 크기가 작고 색이 덜 진하다. 계절에 따라 크기나 색깔이 다른 생물을 계절형이라 한다. 곤충도 다른 냉혈동물(冷血動物)과 마찬가지로 열대지방으로 갈수록 크기가 크고 색이 고와지는데 대만 나비가 우리나라 것보다 크고 현란한 것도 이 때문이다.

배추흰나비의 생활사를 정리하면 알 → 애벌레 → 번데기 → 성충이 되는 완전변태를 한다. 수놈의 정기를 받은 배추흰나비 암놈은 한 번에 알을 100~200개 낳는데, 반드시 유충이 갉아먹을 풀(제가 어릴 때 먹고 컸던 식물)에 알을 붙인다(보통 잎의 뒷면에 낳는다). 물론 이 나비는 주로 배추나 무 잎에 산란한다. 알에서 깨어난 유충은 '배추벌레'라고 하는데 이놈은 배추나 무 잎과 비슷한 색을 띠어 천적에게 잡아먹히지 않고 사람 눈에도 잘 띄지 않는다.

우선 여기까지만 분석해 보자. 배추흰나비 성충은 십자화(네 장의 꽃잎이 십(十) 자 모양이다. 배추나 무 꽃이 이렇다) 과 식물 꽃의 꿀을 빨아먹고 살고 새끼인 배추벌레는 잎을 먹고산다. 그래서 서로 먹이 싸움을 피할 수가 있다. 참 영특하지 않은가. 이것은 또 종내경쟁(種內競爭)을 피하는 한 방법이기도 하다.

다음은 우리가 잘 아는 누에의 다형질화현상을 보자. 여기서 누에는 누에나방의 유생(배추벌레)을 말한다. 누에는 허물벗기를 4번 하고 고치를 난늘어 그 속에서 번데기로 있다가 25일 후에 누에나방이 되어 나온다. 그리고 짝짓기 한 후 알을 낳고 죽는다. 누에나방의 생활사는 배추흰나비와 비슷하나 몇 군데 다르니 잘 비교하기 바란다.

15, 6년 전만 해도 "뻔, 뻔, 뻔뻔뻔!" 하는 확성기 소리가 들려오면 꼬마동이들이 "아저씨, 아저씨!" 부르며 골목골목에서 뛰어나왔다. 뒷골목 구석에서는 '뽑기 할매'의 설탕 조각을 빨았고. 이 '뻔'이 바로 누에나방의 번데기이다. 번데기장수는 하루 종일 골목에서 "뻔, 뻔!"만 외치고 집에 가서야 "데기, 데기!"를 마저 부르짖는다고 했다. 지금도 번데기는 시장 한구석에서 갯고동과 함께 김을 모락모락 내며 화석처럼 남아 있고 깡통에 담겨 미국까지 날아가서 유학생들의 향수도 달래 주고 있다.

배추흰나비 번데기는 고치가 없이 얇다란 껍질만 둘러쓰고 월동을 하지만 누에나방은 고치라는 실뭉치를 만들어 몸을 보호한다. 사람들은 이 명주실을 되뽑아 비단을 만드니 이것이 요샛말로 실크이다. 한 개의 고치에서 나오는 실의 길이가 100미터를 족히 넘으니 사람에게 단백질뿐만 아니라 옷감까지 제공하는 놈이 세상에 어디 또 있을까. 비단은 포근한 고급 옷감이 아닌가. '뻔'은 그 냄새뿐만 아니라 맛도 좋아 한번 맛보면(대뇌에 반사중추가 생기면) 누런 종이봉지 속의 그놈들을 샛바람에 게눈 감추듯 먹어 치운다.

고치의 한쪽을 뻥 뚫고 나온 누에의 성충인 암수나방이는 세찬 날갯짓하면서 사방으로 짝을 찾아 헤맨다. 얼마 후 암놈은 가지런히 누에 씨를 낳는다. 그런데 어떤 때는 누에고치에서 나방이가 아니라 쉬파리가 나오는 때도 있다. 누에 건사할 때 신경 쓸 것 두 가지가 있으니 뽕잎에 물이 묻지 않게 하는 것과 방문의 발을 잘 치는 일이다. 전자는 누에가 설사를 하기 때문이고 후자는 쉬파리가 날아들어 누에에 쉬를 슬기 때문이다.

난태생인 쉬파리가 누에에 새끼를 낳으면 이것이 누에 몸속으로 뚫고 들어가 누에 살을 먹고 자라 번데기가 되었다가 쉬파리로 날아오른다. 쉬파리가 쉬를 슨 누에 등짝에는 검은 점이 생기니 씕은쌀에서 뉘 고르듯하여 마당에 던져 쉬파리한테 고수레한다. 구멍 뚫린 고치에서는 명주실을 뽑을 수 없다. 쉬파리의 소행은 괘씸하나 한 생물의 붙살이를 볼 수 있어 재미있다.

말린 소나무섶에 올려 놓은 누에들이 '방귀잎'인 뽕잎을 갉아먹을 때는 비소리가 난다. 누에 똥은 잠사라 하여 영험한 한약 재료이자 좋은 거름이 된다. 이렇게 누에나방이는 하나도 버릴 게 없다. 누에나방이 성충과 유충도 먹이경쟁을 하지 않는다. 누에 성충인 나방이는 알을 낳고 죽기 때문이다. 누에나방이는 배추흰나비처럼 멀리 날지도 오래 살지도 못하니 비운의 동물이라 해야 할까.

새끼손가락만 한 누에가 늠름하게 머리를 쳐들고 잠을 잘 때는 가능한 한 손을 대지 않는다. 바람만 불어도 상처가 날 것 같은 그 보드라운 껍질을 벗는 시기이기 때문이다. 네 번이나 딱딱한 껍질을 벗은 후에야(벗지 않으면 더 크지 못한다) 번데기가 된다. 누에 늙은 것같이 말라 휘늘어진 사람을 '누에 늙은이'라 한다. 그러나 누에에게서 우리는 배워야 할 것도 있다. 인간은 습관의 동물이라 한번 입은 옷(길들여진 버릇)은 벗지 못하는 타성을 가지고 있다. 낡은 껍질을 벗어 버리고 뼈대를 바꿔 끼고 태를 바꾸는 환골탈태 없이는 누에와 같은 성장이 없다. 낡은 껍질을 벗는 아픔을 모르고 어떻게 '알을 깨는 아픔'을 알 수 있겠는가. 탄생이나 성장에는 이런 인고기 뒤따른다.

니비와 나방이의 형태와 생태의 다른 점을 보자. 나비는 낮에 활동하는 반면 나방이는 야행성이다. 그러나 이들은 애시당초 유전적으로 같은 놈이었다. 그러나 하나는 낮에 다른 하나는 밤에 활동하게 진화한 것이다. 또 나비의 더듬이는 가늘고 긴 곤봉을 닮았지만 나방이의 것은 넓고 짧은 빗 모양이다. 나비는 몸이 가냘프고 날개를 곧추세우면서 꽃다지에 너붓이 앉으나 나방이는 몸이 통통하고 날개를 비스듬하게 쪽 편 채 눌러 앉는다.

반면 나비와 나방이는 모두 날개에 비늘이 많은데 이것이 사람 눈이나 코에 들어가면 좋지 않다. 여름밤 안방에 푸르르 날아드는 부나비는 불청객이고 하늘하늘 하느작거리는 나비는 천사처럼 느낀다면 그건 우스꽝스런 우리의 착각과 편견이 아닐까.

나비와 나방이는 어미와 새끼가 공간은 물론 먹이까지 달리하는 지혜를 가지고 있다. 곤충만큼 이 지구상에 잘 적응한 동물이 없다는 사실만 봐도 우리는 이들에게서 삶의 비법을 터득해야 하겠다. 먹이가 다 다르고 산, 강, 바다는 물론 흙 속이나 나뭇가지, 하늘 등 사는 곳도 다양하다. 그래서 곤충은 동물의 70퍼센트를 차지하고 있다. 곰곰이 따져 보면 이 지구의 주인공은 곤충이다. 그러면 인간은? …….

씨 주고 몸까지 바치는 버마재비

중국 제나라 장공(莊公)이 사냥을 나갔을 때 버마재비 한 마리가 앞발을 들고 수레바퀴를 멈추려 했다는 데서 나온 '당랑거철(螳螂拒轍)'이란 말이 있다. 겁 없는 벌레는 앞으로 나갈 줄만 알고 뒤돌아설 줄 모른다. 즉 제 분수를 모르고 강적에 반항해서는 안 되며 돌아갈 줄도 알아야 한다는 뜻이다. 비슷한 말에 당랑박선(螳螂搏蟬), 당랑재후(螳螂在後)라는 말이 있다. 이슬을 먹는 매미는 뒤에서 사마귀가 노리는 것을 모르고 그 사마귀 또한 황작(黃雀)이 자기를 잡아먹으려고 벼르는 것을 모른다는 말이다. 제게 닥칠 위험은 모른 채 눈앞의 욕심에만 어두워 덤비면 큰코 다친다는 뜻이다. 이 말들이 어찌 그 미천한 버러지만 꾸짖는 말이겠는가.

사마귀는 버마재비, 오줌싸개, 당랑, 거부(拒斧)라 부르는데 버마재비는 범아재비라는 말이 변형된 것이 아닌가 싶다. 무슨 말인고 하니 도끼, 낫 모양인 앞다리를 쳐든 사마귀를 보면 범(호랑이)처럼 무섭기에 하는 말이다. 생물 이름에 '아재비'란 말이 많이 붙는데 '비슷하다',

'닮았다'라는 뜻이 들어 있다. 오줌싸개라는 별명은 사마귀가 손등에 오줌을 싸면 '사마귀'가 생긴다고 믿어 붙은 것 같다. 그래서 반대로 손가락이나 손등에 난 사마귀를 사마귀에게 먹이면 없어진다고 하여 피가 솟도록 사마귀 주둥이를 억지로 들이댔던 기억이 난다. 요사이는 손등에 사마귀 난 사람을 보기 드물다. 이것도 영양 상태와 관계가 있었는지 모르겠다.

사마귀는 곤충강 메뚜기목 사마귓과에 속하며 학명은 *Tenodera angustipennis*이다. 앞다리는 낫을 닮았고 큰 두 눈은 툭 튀어나왔다. 머리는 삼각형이다. 눈만 들여다보면 순진하고 해맑아 보이나 먹이나 수놈을 대하는 암놈의 눈빛은 사납다. 암놈은 눈에 불을 켜고 먹이에 달려들고 수놈을 질겅질겅 씹어 먹어 치운다. 이처럼 사마귀는 포악한 육식동물이나, 메뚜기 등 해충도 모조리 잡아먹기에 우리는 사마귀를 익충이라 부르기도 한다.

사마귀의 눈도 다른 곤충들처럼 육각형의 낱눈이 여러 개 모인(40여 개에서 수천 개가 모여 있다) 겹눈이다. 곤충의 눈에는 물체가 모자이크로 보이고 사람 눈과 달리 물체가 바로 서 보인다. 또 움직이는 물체를 더 잘 보는 구조라 암놈 범아재비는 수놈이 꼼지락거릴 때 덥석 덮친다.

다른 곤충과 마찬가지로 사마귀도 수놈이 작다. 잘못 보면 수놈을 새끼로 착각할 정도이다. 그러나 그것도 살기 알맞도록 적응한 결과라고 본다. 똥파리 암놈 등에 붙어 있는 작은 수똥파리를 봤을 것이다. 이놈들은 한번 짝짓기를 시작하면 몇 시간씩 붙어 있는데 수놈이 가벼워야 짝짓기 중에 천적이 덮쳐도 같이 날아갈 수 있지 않겠는가. 사실 수놈이란 정자만 공급하면 되니 작아도 된다. 사마귀 암놈도 정자만 필요한 것을 알아서 짝짓기 하는 수놈의 몸뚱어리는 두고 머리만 똑 따서 먹어 버린다. 그러면 수놈은 머리 없는 무두웅(無頭雄)이 되고 만다.

여기에서 하나 신비로운 것은 머리가 없어도 수놈 다리의 힘이 빠지지 않을 뿐더러 도리어 짝짓기 행위가 더 강렬해진다는 사실이다. 이와 비슷한 예로 쉬파리를 잡아 목을 떼면 쉬를 항문에서 쏟아 붓듯이 슬고 피라미 암놈이 잡히는 순간 알을 쏟는 것을 볼 수 있다. 사람도 몸이 쇠약해질수록 이성을 밝히고 고된 행군을 하던 군인이 쓰러지면서 사정한다. 몸에 위험이 닥치면 종족 보존 행위가 더 강렬해지는 것은 사마귀나 쉬파리나 사람이나 모두 같다. 모르긴 몰라도 단두대에 선 사람들도 사정했을 것이다.

사마귀는 메뚜기처럼 알이 부화되어 유충이 되고 몇 번 껍질을 벗어 성체가 되는 번데기 시기가 없는 불완전변태를 하는 한해살이 곤충이다. 두 다리 앞에 모으고 풀가지에 붙어 있는 모습이 꼭 기도하는 것 같아 '기도하는 사마귀'란 이름도 가지고 있다. 암놈을 찾아 나선 수놈은 암놈을 발견하는 순간 꼼짝달싹 않고 노려본다. 잘못 설치다가는 먹이로 오인돼 잡아먹히기 때문에 팽팽하게 긴장된 가운데 조심스럽게 암놈에게 접근한다.

최대한 가까운 거리에 다가선 수놈은 신경을 곤두세우고 암놈을 응시한다. 가끔 더듬이를 까딱까딱 흔들고 암컷 날개를 앞다리로 쳐보기도 하지만 감히 서두르진 못한다. 암놈이 몸을 추스르거나 잠깐 한눈을 파는 사이에 다가서고 암놈이 쳐다보면 움츠려 뒤로 빠지기를 몇 시간이나 지루하게 계속한다. 많은 곤충들이 페로몬이라는 냄새나 매미, 귀뚜라미처럼 소리로 의사소통하고 구애도 하나 사마귀

놈들은 눈이 밝아서 눈으로 말하고 사랑을 속삭인다.

수놈은 모든 신경을 곧추세워 암놈에게 아양을 떨다가 어느 순간 날렵하게 등으로 뛰어오른다. 그러고는 세 쌍의 다리로 온 힘을 다해 암놈 몸뚱이를 감싸고 교미기로 암놈의 배를 문질러 생식기를 자극한다. 그렇게 수줍어하던 수놈이 적극적으로 나오니 살기등등하던 암놈도 포기한 듯 도리어 요염해지면서 운김이 달아 이제는 동적인 자세를 취한다. 이런 암놈의 내숭은 다른 동물들과 다를 바 없다.

짝짓기는 2, 3시간이 걸리는데 그 동안에 정자 덩어리인 정자주머니가 만들어져 그것을 암놈 몸에 집어넣으면 짝짓기가 끝난다. 참다운 삽입기가 있지는 않다. 짝짓기가 끝난 수놈은 날쌔게 뛰어내려 도망가지만 어떤 놈은 도중에 머리통을 암놈에게 먹히고 만다. 뒤룩뒤룩 살찐 암놈이 머리를 자근자근 씹어 먹고 있을 때 억수로 재수 옴붙은 수놈은 아래 몸뚱어리만 살아 행위를 계속한다.

짝짓기가 끝나면 남은 몸통도 통째로 먹힐 것이라는 것을 생각하면 처참한 성행위이다. 정자 주고 몸까지 바쳐 자식의 양분이 되는 저 사마귀 수놈의 희생정신을 어떻게 봐야 하는가. 그래도 그놈은 몽달귀신은 면했다. 종족 보존이 뭐기에 저 꼴을 당하면서까지 해야 한단 말인가. 짝짓기가 끝난 수놈은 힘이 빠져 어차피 북망산천을 찾게 되니 차라리 암컷의 먹이가 되어 새끼나 튼실하게 키우는 게 나을지도 모르겠다.

아무튼 오늘도 목숨 걸고 내뛰는 뭇 사내들은 자신이 저 사마귀의 무두웅과 진배없다는 생각에 꺼림칙하고 츱츱한 마음 금할 길 없으리라. 강한 자여, 그대 이름은 여자이니라.

더부살이하는 흰개미

사회생활을 하는 대표적인 곤충이 개미, 벌, 흰개미 들이다. 개미와 벌은 이미 앞에서 간단히 설명하였다. 흰개미는 이들보다 더 복잡한 계급제를 운영하며 사람의 사회생활과 아주 비슷하다.

흰개미 하면 개미와 비슷하다고 생각하기 쉬우나 여러 가지로 다르다. 개미는 막시류로 벌과 같이 묶으나 흰개미는 등시류(等翅類)로 목이 다르다. 벌개미 무리는 알→유충→번데기→성충으로 완전변태를 하나 흰개미는 번데기 시기가 없는 불완전변태를 한다. 이런 점에서 흰개미는 벌이나 개미보다 하등하다. 또 개미는 가슴과 배 사이가 잘록하여 말 그대로 '개미허리'이지만 흰개미는 가슴과 배 구분이 어려울 정도로 하나로 되어 있다.

개미는 껍질이 검고 딱딱하나 흰개미는 희고 부드럽다. 화단이나 논밭 가에서 땅을 파고 사는 개미와 달리 흰개미는 고목 밑둥치나 목조건물 기둥에 집을 지어 나무를 파먹고 사는 점도 다르다. 숲속 고목 밑동을 파 보거나 쓰러져 허물허물 썩어 가는 나무의 껍질을 벗겨 보면 거기에서는 언제나 깨알 같은 흰개미가 쏟아져 나온다. 호주 등지에 사는 개미핥기 무리가 나무를 헤집고 예리한 혓바닥으로 흰개미를 핥아 먹는 광경을 텔레비전에서 본 적이 있다. 흰개미는 오래된 건물 기둥이나 서까래 속을 파먹어 골치를 아프게 하는 곤충이지만 숲에서는 늙어 나자빠진 나무를 빨리 썩혀 분해를 촉진시키는 중요한 임무를 띠고 있다. 산의 터줏대감 버섯과 흰개미가 없는 숲은 물이 없는 사막과 다름없으리라.

그러나 아프리카나 호주 등지에서 흰개미는 골치 아픈 귀찮은 존재라고 한다. 밭의 구석구석에 터를 잡아 사람 키보다 높고 시멘트보다 딱딱한 '개미탑'을 지어 대기 때문이다. 무리 중에도 집 짓는 데 이골이 난 일흰개미가 침으로 흙을 빚어 높다란 탑을 하룻밤 새 지어 대는데 얼마나 야물게 짓는지 다이너마이트로도 잘 부서지지 않는다고 한다. 어쨌거나 흰개미도 자연계에서 쓸모 있는, 없어서는 안 되는 귀한 지구의 재산이다.

흰개미는 사는 환경에 알맞게 적응하여 많은 종 분화가 일어나 세계적으로 수백 종이 넘는다고 한다. 그러나 새끼를 치는 여왕흰개미와 왕흰개미, 노예 같은 일흰개미, 집을 지키는 병정흰개미가 있고 병정흰개미 중에는 독가스 성분이 든 화학탄을 쏘아 대는 특수부대인 '코쟁이 흰개미'가 있다는 점은 모두 같다.

그러면 이놈들의 특징과 하는 일을 나누어 보자. 여왕흰개미는 몸빛이 흰 일흰개미와는 달리 몸에 색이 조금 나타나며 크기도 5~7밀리미터 정도로 크다. 왕흰개미와 짝짓기를 하고 나면 날개를 잃고 몸의 거의 전부를 차지할 정도로 배가 비대해져서 말 그대로 '알 낳는 기계'가 되고 만다. 한창 산란할 때는 2, 3초에 1개씩 낳는다고 한다.

흰개미는 가족이 어느 정도 늘어나면 벌처럼 아비와 어미가 집을 나가 짝짓기 한 후 적당한 곳에 찾아들어 새 집을 만든다. 그러나 분가(分家)가 끝없이 일어나지는 않는데 여왕흰개미가 분비하는 페르몬으로 집단 크기를 조절하기 때문이다. 여왕흰개미가 페르몬을 많이 분비하면 예비해 둔 생식유충의 발생이 억제된다.

일흰개미는 집 짓고 새끼 키우는 놈들로 가족의 대부분을 차지한다. 사람이나 일흰개미나 일만 하는 무리는 지문이 닳아 없어지고 눈이 멀게 마련이라 일흰개미도 눈이 퇴화되어 없어졌다. 병정흰개미는 머리가 크고 턱이 집게 모양이라 적의 침입을 잘 막도록 되어 있다. 화학부대인 '코쟁이' 놈들은 코끝이 뾰족해 적을 찌르기 쉬운 것은 물론이고 독샘이 발달하여 독액을 쏘아 물리치는 기술도 있다. 이 놈들은 어떻게 무기를 개발하여 집단을 방어, 보호하는 법을 터득하였을까. 생각할수록 생물계는 신비 덩어리이다. 이들 세계의 분업의 오묘함도 잊어선 안 될 것이다.

송충이가 솔잎을 먹는다면 흰개미는 나무를 먹고산다. 여기서 나무란 셀룰로오스(cellulose)를 말하는데, 다당류인 이 섬유소는 식물체를 구성하는 뼈대 구실을 한다. 셀룰로오스는 분자 구조가 단단하고 복잡하여 사람의 소화효소는 분해를 못하나 소를 포함한 초식동물이나 흰개미는 분해효소가 있는데 이들은 이 섬유소 없이는 못 산다. 다 이렇게 제 먹을 것이 정해져 있어서 먹고산다.

여기에서 확인할 것이 하나 있다. 소나 흰개미가 섬유소를 분해하는 소화효소를 가져 섬유소를 분해하는 것이 아니라는 것이다. 결론부터 말하면 그놈들도 사람처럼 섬유소 분해효소인 셀루라아제(cellulase)는 없다. 그럼 어떻게 풀이나 나무만 먹고살 수가 있을까.

흰개미의 섬유소 분해부터 이야기하자. 섬유소는 분해되면 맥아당인 셀로비오스(cellobiose)가 되고 이것이 다시 분해되어 포도당이 된다. 이때 셀룰로오스 분해에는 셀루라아제가, 셀로비오스 분해에는 셀로비아제라는 효소가 작용한다. 그런데 흰개미는 이런 분해효소를 가지고 있지 않다.

흰개미 창자에는 트리코님파(*Trichonympha* sp.)라는 원생동물인 편모충류가 사는데 이놈들이 섬유소와 셀로비오스를 분해하는 효소를 가지고 있는 것이다. 흰개미 내장을 받침유리에 문지르고 생리적식염수를 떨어뜨려 해부현미경으로 관찰하면 편모운동을 하는 크리코님파를 관찰할 수 있다. 트리코님파는 흰개미에게서 살터를 얻고 흰개미는 그들에게서 포도당을 양분으로 얻으니 이것이 바로 상리공생(相利共生)이다. 내 없으면 네 못 살고 네 없으면 내 못 사는 이런 삶의 고리를 누가 만들었단 말인가. 부부의 고리보다 더 강한 묶음이 아닌가. 빌붙어 사는 게 아니라 함께 사는 지혜! 아, 신통한지고.

소 이야기로 가 보자. 소도 흰개미와 같이 섬유소를 분해하는 효소는 없다. 그러나 소의 위(특히 겹주름위 주름 위에)에 섬유소를 분해하는 세균들이 살아 이것들이 섬유소를 발효시켜 탄수화물은 물론이고 지방산 등으로 만든다. 이 세균들은 대부분 무기호흡을 한다. 갓 태어난 송아지는 위에 그런 세균이 없으나 어미 젖을 빨거나 풀을 뜯어먹으면서 자연스레 세균을 얻는다. 다른 초식동물도 모두 그렇다.

다만 말이나 토끼 같은 동물은 이런 발효 탱크가 위가 아니라 기다란 맹장이라는 점이 다를 뿐이다. 토끼가 제 똥을 가끔 먹는다는 이야기를 들은 적이 있을 것이다. 토끼 똥에는 섬유소 분해에 필요한 미생물들이 들어 있기 때문이다. 그것을 먹음으로써 토끼는 세균을 쉽게 재공급 받을 뿐 아니라 비타민도 얻는다고 한다. 초식동물의 위가 크고 맹장이 긴 이유는 섬유소가 잘 발효되게 하기 위함이다.

그러면 이들 세균만 순수 분리하여 사람이 풀과 함께 알약처럼 만들어 먹으면 어떻까. 하지만 우리 몸에는 그들 세균이 살 수 있는 '환경'이 마련되어 있지 않기에 아무런 의미가 없다.

그러나 사람의 큰창자에도 섬유소를 분해하는 유사한 세균들이 살고 있고(초식동물의 것과 다른) 실제로 이것들이 섬유소를 분해하여 비타민B나 K 같은 영양소를 공급한다. 그러니 큰창자를 그저 물만 빨아들이는 '순대'로만 취급할 것이 아니다. 그리고 손가락만큼밖에 안 남은 맹장도 몸에 꼭 필요한 항체를 만든다니 거추없는 존재라고 막 잘라 버릴 일이 아니다.

사람이 풀만 먹고사는 긴 창자를 가졌다면 이렇게 세상이 각박하지는 않았으리라. 아웅다웅 중뿔난 싸움질도 줄었으리라.

거미는 곤충이 아니다

'아침 거미'는 재수가 있으나 '저녁 거미'는 흉흉할 징조라 하여 잡아 죽이곤 했었다. 거미의 어떤 생태를 보고 그런 말이 생겼는지 모르겠다. 거미류는 하나같이 사람에게 해로운 벌레들을 잡아먹는 유익한 동물인데 말이다. 그러나 거미는 깨물 것 같아 어쩐지 잡기가 두렵다. 독거미가 아니라면 문제가 되지 않는데도 그렇다. 우리나라에는 독거미가 없다. 검은과부거미나 갈색은둔거미가 대표적인 독거미이고, 007영화에 등장했던 타란튤라 무리도 사람에게 치명적인 놈은 아니다. 어쨌거나 거미들은 경계색을 가져 두렵다.

거미는 곤충이 아니다. 묶어서 벌레라고 부를 수는 있으나 곤충과는 여러 가지로 딴판이다. 거미는 도리어 새우나 게 무리인 갑각류에 더 가깝다. 세계적으로 3만 5,000종이나 된다니 한마디로 이 지구는 거미로 덮여 있다 해도 과언이 아니다.

거미는 머리와 가슴이 합해져 있고 배가 뚜렷하게 발달했다. 머리에는 8개의 작은 홑눈이 있으나(움직이는 물체에 민감하다) 눈은 발달하지 못해 몸에 많이 나 있는 작은 털에 주로 의존한다. 바람이 불거나 거미줄에 걸린 먹이도 털의 움직임으로 안다. 거미줄을 살짝 건드리는 장난에도 재빠르게 반응하는 거미를 볼 수 있다.

거미 머리에는 독이빨이 붙은 턱이 한 쌍 있다. 거미는 이것으로 먹이를 질겅질겅 씹고 독이빨에서 독을 분비하여 먹이 조직을 녹인 후 빨아먹는다. 집게 뒤에는 수염 모양의 각수(脚鬚)라는 발이 한 쌍 있는데 이것으로 먹이를 모으고 수놈은 짝짓기도 한다. 거미는 가슴부에 붙은 4쌍의 큰 다리까지 합해 모두 5쌍의 다리를 가지고 있다.

배에는 호흡, 배설, 소화 기관 들이 있다. 항문 아래쪽에는 2, 3개의 사마귀 모양의 돌기가 있는데 그 끝에는 200~300개 구멍이 있다. 구멍 속에 있는 방적샘에서 나온 단백질 성분의 점액이 공기에서 굳어져 실이 되니 이것이 거미줄이다.

아침이슬이 작은 진주 알갱이처럼 조랑조랑 매달려 거미줄이 금방이라도 끊어질 것 같으나 거미줄은 의외로 질기디질겨 그 무게를 잘 견딘다. 사실 거미줄은 같은 굵기의 강철보다 강해 가장 강하다는 석영섬유 다음으로 강하다. 처지가 매우 궁박하고 답답하여 어쩔 줄 모를 때 거미줄에 목을 맨다고 하는데 흰소리 같으나 일면 말이 되기도 한다. 거미줄은 탄력성도 강해서 길이의 약 5분의 1까지 늘어날 수 있다. 그래서 이슬 먹고 축 처진 거미줄이 되는 것이다.

해 질 무렵 정원이나 뒤뜰에서 거미가 새로 집을 짓거나 수리하는 것을 보았을 것이다. 높은 곳에서 실을 뽑아 휙 아래로 몸을 날렸다가 나뭇가지나 기둥 벽에 실을 붙이고 다시 쪼르르 기어올라 간다. 이때 옆으로 살짝 가서 꼬무작거리는데 잘 보면 벌써 줄이 한 가닥 더 쳐져 있다. 올라갈 때도 알고 보면 똥구멍에서 줄을 내고 있었던 것이다. 이렇게 여러 가닥을 방사형으로 엮어 놓는데 이것을 날줄이라 하자. 날줄치기가 끝나면 밖에서 안으로 씨줄을 먹여 들어온다. 갓 나온, 덜 굳은 줄을 뒷다리 끝 갈고리로 연신 잡아끌어 날줄에 꽉 눌러 붙이기를 수백 번을 계속하여 허덕지덕 거미집을 완성한다.

흥미로운 것은 거미줄도 끈적한 것과 그렇지 않은 것이 있다는 것이다. 대부분 집의 뼈대가 되는 날줄은 끈적거리지 않는다. 반면 씨줄은 모두 끈적하여 벌레는 물론이고 실끼리도 달라붙는다. 씨줄의 찜도가 얼마나 높은지 왕매미는 물론이고 얼간이 참새새끼도 걸려 허우적거린다. 그런데 아직 의문이 하나 더 남는다. 왜 거미의 다리는 거미줄에 달라붙지 않느냐는 것이다. 이유는 사람 발바닥에 땀 나듯이 거미 다리 끝에서도 지방 성분의 액이 솟아나기 때문이다. 다 살도록 되어 있다. 그리고 이런 사실까지 밝힌 '거미가 밥 먹여 주는' 거미학자에게도 격려의 박수를 보낸다.

거미들은 적응력이 뛰어나 곤충들만큼이나 종류가 다양하다. 거미줄을 치고 먹이를 기다리는 호랑거미, 틈새에 집 짓고 숨어 있다가 덮치는 깡충거미, 물가에서 물고기를 잡아먹는 물고기거미, 꽃잎과 똑같은 몸빛으로 위장하였다가 꽃에 날아오는 놈들을 잡아먹는 게거미 등 종류가 많다.

거미는 집 가운데에서 거꾸로 매달려 먹이가 걸려들기를 기다리는 놈도 있고 숨어서 한 발을 거미줄에 걸쳐 놓고 물고기 입질을 기다리는 낚시꾼처럼 기다리는 놈도 있다. 거미들은 먹이가 걸리면 잽싸게 달려나와 독침을 한방 먹이고 순식간에 '동아줄'로 꼼짝 못하게 묶어 버린다. 그리고 쉬엄쉬엄 먹다 배부르면 대롱대롱 매달아 둔다. 똥구멍을 위로 쳐들고 매달려 있는 거미 놈들의 폼이 그럴 듯하다. 엉덩이가 무거울 텐데.

거미는 새끼치기도 조금 별나다. 암컷과 눈맞은 수놈은 정자를 거미줄에 사정하여 모아 그 정자 덩이를 각수 끝의 홈에 묻혀 암놈에게 접근한다. 그리고 암놈의 배 앞쪽 아래에 있는 생식기에 그것을 밀어 넣는다. 수놈은 특별한 교미기가 없다. 암놈은 거미집을 지어 수백 개의 알을 슨다. 산란 후 어미거미는 야멸차게 새끼들을 떠난다.

14일이면 알은 부화되고 새끼들은 알주머니를 터뜨리고 사방팔방으로 퍼져 나간다. 어떤 놈은 위로 올라가서 거미줄을 중간쯤 내리고 있다가 센바람 맞아서 수백 미터 멀리까지 날려 가기도 한다. 그곳에서 여러 번 탈피하여 어른거미가 되고 집 짓는 걸 배운 적도 없건만 유전인자에 박혀 전해 온 본능이라는 기술로 어미처럼 집을 짓는다.

그런데 거미 놈들도 기분에 따라 집 짓는 것이 다르다는 실험 결과가 있어 우리를 웃게 만든다. 거기에다 흥분제나 커피를 조금 주사했더니 이놈들도 부실 공사를 하더란다. 안정제 주사를 맞고는 다시 정상적인 집을 짓고. 이렇게 보면 거미로도 약물 연구가 가능하겠다. 그놈들에게 술을 주입한 결과도 어디엔가 있을 터인데 혹시 거미줄을 갈 지(之) 자로 짓지나 않았을까.

게거미는 이름처럼 게를 닮았는데 이놈들의 위장술은 엄청나다. 흰 꽃에 가면 몸빛이 하얗게 변하고 노랑, 빨강 꽃에서도 꽃잎과 같은 색으로 변한다. 물론 하루아침에 그렇게 변한다는 말은 아니고 길게는 20여 일이 걸리기도 한다. 하지만 너무나 꽃 색과 비슷해 무심코 봐서는 구별이 안 될 정도이다. 이런 생리적인 몸빛 변화는 냉혈동물에서만 일어나는데 냉혈동물들은 여러 색소를 살갗에 가지고 있어 노랑, 빨강, 하양 등 어느 색소가 온몸에 퍼지느냐에 따라 몸빛이 변한다. 개구리도 그렇게 몸빛을 바꾼다.

그러나 조류나 사람을 비롯한 포유류 같은 온혈동물은 그런 생리적 변색을 하지 못한다. 사람의 얼굴이 검어지는 것은 햇볕을 오래 받아 멜라닌 색소가 많이 생겼기 때문인데 햇빛을 한동안 쐬지 않으면 다시 그 색소는 없어진다. 이런 현상을 형태적 변색이라 하여 생리적 변색과 구분한다. 물론 칠면조 얼굴을 가진 사람(낯빛을 수시로 바꾸는 간사한 사람을 이름)도 허다하지만. 아무튼 거미의 세계도 우리네 인생살이만큼이나 복잡하다.

임금님 머리 위에 앉은 매미

<강원일보>에 실린 「매미」(고 삼척문화원 김영준 원장)라는 제목의 글이다.

삼척 죽서루는 매미의 천국이다. 우거진 숲속에서 목청을 돋우어 노래하는 매미가 무더웠던 여름을 조금은 시원하게 해 준 느낌이다. 금년에는 유난히도 매미가 많아서 어디에서나 매미의 울음소리를 들을 수 있었다. 그런데 놀라운 것은 매미가 많아진 까닭이 심한 환경오염에서 비롯된 것이라는 보도였다. 지금까지 우리의 상식으로 보아 매미는 곤충 가운데 가장 깨끗하고 본받을 점이 많은 것으로 알았는데 환경오염과 관련이 있다니 놀라울 수밖에 없었다.

어렸을 때 선친께서 들려 주셨던 말씀이 기억난다. 조선 시대 임금이 평상복으로 정사를 볼 때 머리에 쓴 관을 익선관(翼蟬冠)이라 하는데 그것은 그 관 뒷면에 달린 장식이 매미 날개와 같았기 때문이라 하셨다. 임금이 관을 쓸 때마다 매미 날개의 의미를 생각하게 했던 것

같고 만백성의 어버이로서 백성을 바르게 다스리게 하고자 하는 의지가 그 관에 나타나 있었던 것 같다. 매미 중에서 수컷은 언제나 똑같은 목소리로 운다. 힘차고 낭랑한 그 소리에는 비밀도 없고 거짓도 없다. 사실을 사실 그대로 소리 높여 만천하에 알리는 소리였다. 자신이 깨닫고 생각하고 행동하는 것이 감추어지지 않았다. 매미는 집이 없다. 달팽이, 우렁이도 집이 있는데 매미는 이 나무 저 나무로 옮겨 다니며 산다. 매미는 깨끗하나, 동트기 전에 아무도 모르게 크리스털같이 영롱한 이슬 몇 방울을 마실 뿐이다. 집이 필요 없으니 부동산 욕심이 없고 먹는 것이 별로 없으니 사리사욕도 없다. 먹은 것이 없으니 배설물도 없어서 뒤가 깨끗하다. 죽을 때를 스스로 미리 알고 첫서리 내리는 밤, 어디론가 사라진다. 떠나야 할 때에는 주저하지 않고 떠날 줄 안다.

과감한 추진력과 결단력, 그리고 청렴결백함을 몸소 보여 주는 매미의 일생에서 많은 것을 깨닫게 된다. 그런데 그토록 깨끗한 매미가 환경오염의 산물이라니 참으로 놀라운 일이다. 그러니까 매미의 유충이 땅속에서 3, 4년 또는 13~17년을 보내다가 성충이 되어 밖으로 나올 때까지 오염된 땅에서 성장하고 번식하는가 보다. 우리가 쓰레기 분리를 실천한 지 많은 시간이 흘러갔지만 시민들의 자발적인 행동이 아직도 따라 주지 못하고 있다. 그것은 우리에게 주는 환경오염의 심각성을 걱정하면서도 스스로 발벗고 나서는 정신적인 혁명이 뒤따르지 못하고 있기 때문이다.

우리는 정신문화의 새로운 혁명을 해야 한다. 시원한 매미의 울음소리를 듣지 못하더라도 환경을 지키는 데 서슴없이 나서야 한다.

정말로 위 글에서는 선비 정신과 애향 정신이 물씬 풍긴다. 그뿐만 아니라 필자의 매미에 대한 식견도 생물학 전공자 못지않다. 먼저 익선관이라는 단어가 눈에 번쩍 띄었다. 익(翼)은 날개요 선(蟬)은 매미라는 뜻이니 익선관은 매미 날개 모양을 한 관이라는 말이다. 매미는 곤충류의 매밋과에 속하며 모두 날개가 두 쌍인데 겉날개와 속날개의 크기가 같아서 등시목이라 한다. 매미 날개는 맑고 투명하다. 아마 정사(政事)도 매미 날개처럼 훤히 들여다보이게 하려는 뜻에서 익선관을 썼으리라.

매미는 길게는 17년이라는 긴 세월을 유생으로 지낸다. 탈바꿈한 후에는 1~3주 살다가 미련 없이 세상을 떠나는 단명하는 동물이다. 어미매미는 대롱처럼 생긴 긴 빨대로 나무즙만 빨아먹고 사니 똥이라고는 없다. 공중에 오줌을 뿌리면서 이 나무 저 나무 날아다니는 청결한 동물이다. 그런데 뭇 곤충은 잡아 구워 먹었으나 매미만은 안 먹은 것은 임금님 익선관 때문은 아니었을까 싶다. 그놈들도 단백질인데 말이다.

위 글에 환경이 나빠져서 매미가 많아졌다는 내용이 나오는데 사실 알 둥 말 둥 하다. 금년은 유달리 더워 매미가 많이 생겼다면 모를까. 아무튼 매미새끼(굼벵이)는 알에서 부화된 후 허물벗기를 17년이나 계속하며 몸이 점점 커지는데 지렁이가 흙 속의 유기물을 먹고 자라듯이 굼벵이도 그런다. 만일 그 땅이 농약으로 오염되었다면 굼벵이도 분명 죽고 말았을 것이다. 그런데 1994년에는 매미뿐만 아니라 잠자리도 많았던 것을 보면 다른 해보다 더 많은 유충이 날개 펴고 나왔다고 보는 것이 옳겠다. 워낙 매미는 한더위를 좋아하니 말이다. 하나 덧붙이면 아무리 오염이 심하더라도 삼척 죽서루가 망가질 정도는 아직 아니다.

말매미는 매미 중 울음소리가 가장 큰 놈으로 수놈을 손바닥에 올려 놓으면 소리 울림이 짜릿하게 전해질 정도이다. 우리나라에는 이 말매미를 비롯해 뿔매미, 씽씽매미, 애매미 등 20여 종이 있다. 세계적으로는 1,500여 종의 매미가 있다니 어느 나라나 여름에는 매미 소리를 듣는다는 말이다. 그리고 매미라는 말은 "맴맴" 우는 소리에서 따온 소리글임에 틀림없으리라. 아무래도 여름은 매미를 빼고는 말이 되지 않는다.

천우신조(天佑神助)(?)로 동물은 모두가 수놈의 울대가 발달하였다. 매미도 수놈이 울고 암놈은 음치이다. 암놈은 잡아보면 "지지—!" 하고 소리 흉내만 낼 뿐이다. 수놈의 소리통과 울림통은 배 첫째 마디 아래에 있는 하얀 뚜껑 모양이다. '씰룩매미' 같은 놈은 배 전체를 움쭉거리며 공기를 통에 집어넣어 소리를 낸다. 매미는 메뚜기처럼 뒷다리 위에 예민한 귀를 가져 암수가 서로의 소리를 듣는 것은 물론이고 참새가 낚아채려 하면 재빨리 도망간다. 귀, 소리통에 날개까지 갖춘 동물 중에서 아마 매미가 가장 빠를 것이다.

매미 껍질(새끼의 허물)을 약으로 쓴다고 주워 모았던 기억이 난다. 매미 껍질은 옅은 황갈색에 광택이 나는데 가운데가 쪼개져 있다. 빈 몸은 나무껍질이나 작은 가지를 꽉 붙들고 있는데 머리는 반드시 위쪽으로 향해 있다. 오뉴월 땅바닥에 열이 오르면 유충들은 땅을 파고 나와 나무에 달라붙어 덩치를 키워 간다. 때가 되면 딱딱한 큐티클 껍질을 가르고 부드러운 몸살 상태로 빠져나오는데 몸살은 공기를 만나 굳어지고 날개는 그물맥에 피가 쏟아져 들어오면서 펴진다. 구각(舊殼)을 벗는 순간이다. 반짝반짝 빛나는 2개의 큰 겹눈과 3개의 홑눈도 새로 태어난 상징이다.

불완전변태를 하는 매미는 17년 주기로 많아진다. 금년에 매미가 유별나게 많았으니 틀림없이 17년 후인 2011년에 또 한번 많은 매미를 볼 것이다. 「매미」의 필자가 걱정하듯 심한 오염만 없다면 말이다. 매미 소리 못 듣는 세상을 보고 싶으면 아무거나 버리고 흘려라.

모기의 날개는 두 장이다

들릴 듯 말 듯 아주 낮은 소리를 "모기 소리만 하다."라고 하고 아주 작아서 힘없고 미약해 보인 것이 큰 힘을 낼 때를 "모기도 모이면 천둥소리를 낸다."라고 한다.

한여름 밤, 한낮의 더위에 녹초가 되어 밤잠을 청하는데 귓가에 "앵" 하는 모기 소리가 들린다. 반사적으로 가차 없이 손바닥을 휘둘러 후려친다. 아이코, 모기는 못 잡고 귀싸대기만 얼얼하다. 이렇게 모기와 숨바꼭질이 시작된다. 불을 켜면 그놈들의 코빼기는 보이지 않고. 그제서야 교감신경이 곤두서 각다귀의 공습이 있었던 발가락들이 가렵기 시작한다.

모기는 파리와 마찬가지로 뒷날개가 퇴화되어 없다. 모기를 날개가 넉 장인 잠자리로 그려 놓은 것을 볼 때마다 볼썽사납고 화가 치민다. 곤충이라고 죄다 날개 넷을 가진 것은 아니다. 백문이 불여일견이니 꼭 파리와 모기를 잡아 날개를 헤아려 보시라. 모기는 한 쌍의 날개를 가진 쌍시류 곤충인데 그 두 장의 날개가 떠는 '모기 소리'가

잠들려는 사람에겐 우렛소리로 들린다. 「찰거머리의 정(情)」에서도 이야기했듯이 모기가 피를 빨 때는 침샘에서 혈액응고를 방지하는 물질을 분비하는데 이로 인해 물린 자리에서는 백혈구에서 만든 히스타민 물질이 나와 혈관이 확장되면서 가렵다. 실핏줄이 굵어지면 피의 공급이 많아져서 상처가 빨리 아물게 되니 못 견딜 정도가 아니면 항히스타민 물질이 든 연고나 파스를 바르지 말고 침이나 쓱 발라두는 것이 좋다. 이와 비슷한 '미련스럽고 야만적인' 이야기가 사회생물학적 관점에서 생물계를 본 필자의 수상집 『꿈꾸는 달팽이』에 많이 들어 있으니 일독하길 권한다.

그러면 모기는 어떻게 사람이 있는 방을 찾아들고 발바닥이 아닌 보들보들한 복숭아뼈 아래나 발가락 사이를 귀신같이 물까? 굳은살보다 얇고 보드라운 살갗에 침을 꽂는 것이 쉬울 것이라는 것은 상식이다. 방에 사람이 있는 것을 알고 온 것도 사람의 냄새를 맡고 들어왔을 뿐이다. 여기서 말하는 냄새란 몸에서 나오는 열기, 이산화탄소, 땀 내음, 습기, 술 냄새 등을 통틀은 말이다. 그렇다면 모기는 방문의 위쪽으로 날아들었다는 것을 유추할 수 있지 않을까. 열기는 위로 올라간다는 대류의 원리를 우리는 안다.

자, 그러면 아이들의 공붓방 어디에 모기향을 놓을지를 생각해 보자. 코밑에(책상 빼닫이 밑) 놓아야 할까, 아니면 책장 위에다 놓아야 할까? 그렇다. 후자가 옳다. 열 받은 모기향은 대류의 원리에 따라 문 위쪽으로 솔솔 새어 나가고 그쪽으로 들어오려던 모기들은 모기향 최루탄에 줄행랑을 치게 될 테니 말이다. 모기는 잡을 필요 없이 쫓기만 하면 된다. 이렇게 간단한 과학 지식도 생활화하면 둥근 바퀴처럼 편리하고 유익하다.

모기는 지구에서 안 사는 곳이 없으며 세계에 2,000여 종이 살고 있다. 오늘도 인간은 곤충들과 피나는 전쟁을 벌이고 있다. 모기 놈도 그 중 하나로 사람의 피를 빨아(암놈뿐만 아니라 수놈도 피를 빤다) 뇌염, 학질(말라리아)까지 퍼뜨린다.

모기는 뇌염을 옮기는 홍모기 무리와 학질을 퍼뜨리는 학질모기 무리 이외에도 숲모기 무리가 있다. 뇌염은 바이러스가, 학질은 원생동물의 포자충류가 병을 일으킨다.

우리나라에서 사라졌다고 믿었던 학질이 또 나타났다는 기사를 읽었다. 어릴 때 생각이 난다. 학질에 걸린 사람이 있으면 으슴푸레한 해거름녘 사시나무 떨듯 하는 그 사람한테 삿갓을 씌워 동네 어귀를 한 바퀴 돌게 한다. 그러고는 어둑한 곳으로 데려가 갑자기 물을 퍼붓거나 낮은 언덕에 밀어 간 떨어질 정도로 놀라게 하였다. 그렇게 하면 고래 힘줄같이 질기기로 유명한 학질이 떨어진다고 믿었기 때문이다. 키니네(금계랍)라는 쓴 약 한 톨이 없을 때라 그랬다. 한번 걸리면 여간해서 떨어지지 않는 병이라 힘들게 어떤 일을 끝내고서 "야, 학질 뗐다."라고 하지 않는가. 학질의 주범은 원생동물인 플라스모디움(*Plasmodium vivax*)이라는 놈으로 모기가 환자의 피를 빨 때 딸려 가 다른 사람을 물 때 접종하듯 몸 안에 들어간다.

어쨌거나 피 한 방울이라도 모기한테 빼앗기기는 아까운 일이라 모기향을 피우거나 모기약을 뿌리는데 이는 위험한 짓이다. 파리도 한방에 죽이는 모기약이 사람한테도 엄청나게 해롭다는 것은 누구나 잘 알고 있다. 아프리카, 케냐 등지에 사는 국화과 식물에서 뽑은 피레스로이드(pyrethroid)계 물질을 섞어 만든 모기향이 신경마비 등의 증세를 일으킨다는 보고가 있었음은 물론이고 실제로 독일에서만도

만 명 이상이 모기향 때문에 치료를 받았다고 한다. 인체에 무해하다는 그것 때문에 말이다. 그렇다고 그놈의 작은 모기를 보고 칼을 뺄 수도 없고 닭 잡을 일에 소 잡는 칼을 들이댈 수 없고 속만 탄다. 중국 어느 곳에서는 모기 눈알만 모아 일품요리를 한다는데 그 사람들은 아마도 모기 대가리에서 '골'을 빼내고 모기 다리에서 선지를 뽑아 '모기 순대'도 만들지 모른다.

보통 우리가 보는 집모기들은 고인물, 수챗물, 습지와 같은 구정물에 알(한 번에 300~400개)을 낳는다. 그 알은 일주일이면 부화되어 애벌레인 장구벌레가 되고 성미 급한 놈들은 일주일 안에 네 번 탈피하여 어미모기가 된다. 장구벌레는 물속의 세균이나 미생물을 잡아먹고 큰다. 일정 시간마다 꼬물꼬물 허리를 굽실거려 꼬리 끝에 있는 두 개의 기문(氣門)으로 물 위에서 숨 쉬고 내려간다. 곱사등이인 그놈들 노니는 것을 들여다보면 시간 가는 줄 모른다. 가끔 손끝으로 물막을 건드려 지레 놀라게도 해 보고…….

이런 말이 있다. "병은 사람을 죽이지 않으나 약은 사람을 죽일 수 있다." 그렇다. 간에 좋은 간장약이 있으면 위에 좋은 위장약이 있을 리 만무하다. 모든 약은 독이 되어 부작용이 있으며 49퍼센트가 독이 되고 51퍼센트만 약이 되면 그것이 약이다. 뒤탈이 없는 약이 있으면 추천해 주기 바란다. 씨도 안 먹히는 쓸모 없는 소리로 치부하지 않길 간곡히 부탁한다. 모기향, 모기약도 마찬가지이다. '~향'이요 '~약'이라니, 말을 왜곡해도 한도가 있지 모기약이 향수나 보약이 된단 말인가. 굳이 바른 이름을 붙인다면 '모기악취'요 '모기독'이 맞다.

필자가 어릴 때만 해도 땅거미 지면 마당 한가운데에 모깃불을 피워 모기를 쫓았다. 앞마당을 비질하여 모은 쓰레기에 보릿대, 밀대는 물론이고 마른풀도 같이 태워 온 집안을 연기로 훈증케 했다. 그 잿불에다 감자를 구워 먹었고. 사방에 연기(이산화탄소)를 퍼뜨려 모기 놈들을 어리벙벙하게 하여 먹이 있는 곳을 종잡을 수 없도록 한 우리 조상들의 과학 지식이 놀랍다. 모기가 연기에 숨이 차서도 아니고 모기 눈이 매캐해서 도망가는 것은 결코 아니라는 것을 우리는 짐작하고 있다.

가뜩이나 작은 아이들 방에 '모기독'을 확확 뿌리고 문을 닫아 모기와 아이들을 같이 죽게 하는 부모들이나 젖먹이 아이방에 '모기악취'를 피워 놓고(문까지 닫아 놓고) 향(?) 냄새를 즐기는 젊은 어머니들은 모깃불의 지혜를 음미해 봐야 할 것이다. 시답잖은 넋두리라고 시큰둥할 일이 아니다. 식자우환이라 했지만 이럴 때는 무식자우환이다. "행운은 언제나 불운을 동반한다." 단언컨대 모기는 쫓았으나 젖먹이에게는 해롭다는 것을 뭇 어머니들은 곱씹어 보시라. '전자……', '바이오……'라면 다 좋은 것 같아도 그렇지 않다. 한마디로 우리 모두 자연으로 돌아가자는 것이다.

'실험실의 청개구리'는 김이 나지 않는다

개구리와 여러 벌레들이 겨울잠에서 깨어나 기지개를 켜고 꿈틀거리기 시작한 때를 경칩(驚蟄)이라 한다. 절후는 어김없이 꼬박꼬박 찾아든다. "우수 경칩에 대동강 풀리고 정든 임 말씀에 요내 속 풀리누나. 차마 진정 임의 생각 그리워 나 못 살겠구나." 하는 「수심가(愁心歌)」의 한 토막이 생각나는 산들바람이 싱그러운 초봄이다.

추남춘녀(秋男春女)라는 옛말이 있다. 봄은 여자의 계절이요, 가을은 남자의 계절이라는 뜻이다. 그래서 '봄바람'은 여자가 나는 게 아닌가. 봄에는 여자만 기지개를 켜는 것이 아니라 개구리도 켠다.

그러나 경칩이 지나도 바람 소리 스산하여 개구리는 여전히 땅속에 엎드려 있다. 사월 전에는 봄눈이 언제 어지럽게 흩날릴지 알 수 없어 '춘래불사춘(春來不似春)'이라고 하지 않던가. 그것보다도 개구리 먹이인 파리나 다른 벌레가 꼼짝달싹 못하는데 제 놈이 어찌 불쑥 튀어나온단 말인가. 개구리를 잡아먹는 뱀은 더더구나 엄두도 못 내는 '처녀 젖가슴 트는' 초봄이다.

우리나라에는 개구리 12종이 산다. 산개구리, 무당개구리, 청개구리, 맹꽁이, 두꺼비 무리들이 여기에 속한다. 논밭 가에서 흔히 보이는 것이 참개구리이고 냇물에 사는 놈이 산개구리이다(상세하게는 북방산개구리, 산개구리, 아무르산개구리로 나눌 수 있다). 이 참개구리와 산개구리를 사람이 잡아먹는다. 예부터 활동(活蝀)이라 하여 개구리를 약으로 썼다는데 아마 칼슘을 보충하려는 것이었으리라. 요즘 말하는 골다공증(骨多孔症)에는 효험이 있겠다. 남쪽만 개구리 씨가 마른 줄 알았는데 북한도 그렇다는 기사를 봤다. 특히 개구리 내장의 지방 덩어리를 고가로 중국 사람들에게 몰래 판다고 한다. 사람 놈들 등쌀에 살아남는 게 없다.

아마도 사람들은 몸에 좋다면 바퀴벌레도 멸종시키지 않을까 싶다. 겨울만 되면 죄 없는 산개구리가 수난을 당한다. 빠끔한 틈도 없이 여울의 바위와 돌이 모두 까뒤집혀 널브러져 있으니 말이다. 처참하고 애잔한 풍경이다. 솔직히 고백하면(고백하면 죄가 감해진다고 한다) 필자도 지난 겨울, 기회가 있어 기름에 튀긴 산개구리를 먹어 보았다(사실 몇백만 원 벌금감이다). 새까만 알이 가득 들어 있는 암놈, 그보다 조금 작은 수놈도 먹어 봤지만 조금도 정력이 좋아지는 것을 느낄 수 없었다. 말짱 헛소리이다.

우리보다 10년은 오래 산다는 미국이나 일본 사람들이 어디 산개구리 잡아먹어 더 사는가? 아니다. 만물도 제자리가 있다. 산개구리도 생태계의 한자리를 차지함을 알아야겠다. 그물처럼 얽힌 생태계의 한 코를 엮고 있는 그놈들의 씨를 애꿎게도 말리려는 것은 곧 생태계 파괴가 아니고 무엇이겠는가. 자연에는 손을 대지 않는 것이다. 무위자연(無爲自然), 그대로 둘 일이다. 그만 해코지하자. 다시 한번 이야기하지만 산개구리에 특별한 원소나 단백질이 들어 있지는 않다.

배불뚝이 개구리 암놈 한 마리에는 보통 500~1,500개의 알이 들어 있다. 어떤 놈은 3,000개가 넘는다. 이것들이 모두 올챙이가 되는데 일부는 물고기 밥이 된다. 나머지는 어미가 되어 뱀의 먹이가 되거나 볏논의 해충을 잡아먹고.

지구는 사람 것만이 아니다. 우리는 그들과 더불어 살아야 할 운명임을 재인식해야 한다. 두멧구석에서조차 이제 개구리 울음소리를 못 듣고 싶은가. 모름지기 살생하면 벌을 받고 급살 맞아 죽는다.

정말로 개구리 울음 없는 여름밤은 상상조차 끔찍하다. 글을 쓰는 이 시각에도 밤개구리의 합창이 생생하게 들려 온다. 소쩍새의 간주에 맞춰 수만 마리가 귀청을 찢을 듯 "개골개골" 울어 대는 거대한 오케스트라!

개구리도 수놈이 시끌벅적하게 울어 댄다. 꾀꼬리도 닭도 수놈이 울고. 우리는 그저 운다고 하지만 마구 울어 대는 것이 아니고 그들의 울음에는 여러 의미가 담겨 있다. 암놈에게 는실난실 바치는 사랑(구애)의 노래요, 다른 수놈들은 가까이 오지 말라는 경고이기도 하다. 놈들은 말을 못하니 울음으로 의사를 전달한다.

뭐니 뭐니 해도 개구리만큼 사람에게 혹사당하는 동물도 드물다. 작대기 끝에 낚시 매고 파리를 미끼로 꿰어 연못 풀숲에 집어넣고 아래위로 흔들면 개구리가 덥석 문다(개구리는 움직이는 벌레만 잡아먹는다) 그렇게 잡은 개구리는 닭에게 먹이거나 껍질을 벗겨 처마끝에 걸어 말리고…….

그뿐인가! 사오월에는 전국 학교에서 개구리 해부 실험을 한다. 엄청나게 그놈들이 희생당하는 때이다. 실험을 지도하는 선생님들은 꼭 아이들에게 생명의 귀함을 깨우쳐 줬으면 한다. 무녀리 같은 인간을 만들어서는 안 된다. 개구리쯤이야 하다 보면 '바늘 도둑이 소도둑' 되어 살인도 개구리 잡듯 한다. 등신이 따로 없다. 그리고 째진 청개구리 배에서는 김이 나지 않는다는 사실도 가르치면 좋겠다. 개구리는 기온에 따라 체온도 같이 변하는 냉혈동물이라 그렇다.

개구리는 체외수정을 한다. 암수가 달라붙어 있는 것은 짝짓기 하는 것이 아니라 암컷의 산란을 자극하는 행위이다. 암놈이 알을 낳으면 수컷은 곧바로 그 위에 사정한다. 알은 물속에서 부화되어 꼬리 있는 올챙이가 되고 커 가면서 뒷다리 앞다리가 생긴다. 꼬리가 흡수되어 새끼개구리가 되면 뭍으로 올라온다.

물론 아가미도 없어지고 허파가 새로 생긴다. 무서운 탈바꿈이다. 이렇게 물에서 발생하고 뭍에서 살기에 개구리를 물뭍동물(양서류)이라 한다. 개구리가 되어서도 물속의 올챙이 시절만 생각한다면 그것도 문제이다. 변태하여 의연한 개구리가 되었으면 개구리처럼 살아가는 것이 옳다.

탈바꿈은 변화를 의미한다. 변화 없이는 진화하지 못한다. 봄이 오면 가벼운 옷으로 바꿔 입듯이 끊임없이 우리도 달라져야 하겠다. 달라진다는 것은 우물에서 뛰어나온다는 뜻도 된다. 하늘 한 뼈다구니만 보는, 그래서 세상 돌아가는 것을 몰라 보추 없고 견식이 좁아 저만 잘난 줄 아는 사람을 '우물 안 개구리'라고 한다. 올챙이 적만 생각하는 과거 집착에서 벗어나 우물의 벽을 허물고 넓은 세계로 탈출할 때만 발전이 있다.

양서류는 꼬리가 있는 도롱뇽 무리와 꼬리가 없는 개구리 무리로 나눈다. 이들 모두가 물에서 발생하여 뭍으로 올라온다. 개구리 알은 투명한 젤리 덩어리 속에 가득가득 들어 있으나 도롱뇽 알은 큰 캡슐 같은 젤리 주머니 속에 염주처럼 줄지어 들어 있다.

옛날에는 이른 봄이면 서울 탑골공원 앞에서 아주머니들이 도롱뇽 알주머니를 팔곤 하였다. 중년의 아주머니 아저씨들이 목을 뒤로 젖혀 후루룩 꼴깍 통째로 넘기는 것을 본 것이 엊그제 같은데 필자도 벌써 그네들 나이에 이르렀으니 세월이 무상하다. 이제 슬슬 도롱뇽 알 사냥이나 나가 볼까?

양서류는 모두 꼬리 있는 가녀린 올챙이 시기를 거친다. 그런데 그 꼬리는 갑상선호르몬인 티록신(thyroxine)의 작용으로 녹아 몸으로 흡수된다(잘려 나가는 것이 아니고). 만일 어린 올챙이에게 티록신을 주사하면 곧 변태하여 꼬마개구리가 되고, 올챙이의 갑상샘을 제거하면 개구리가 되지 못하고 영영 올챙이로 남는다. 사실은 살 빼는 약의 감초가 바로 이 티록신이다.

이것저것 체험하면서 커야 할 자식들에게 고놈의 알량한 공부만 하라고 닦달하는 부모를 보면 꼭 새끼올챙이에게 티록신 주사를 놓는 생물학자가 연상된다. 아이들이 안쓰럽다. 안달복달할 일이 아니고 클 만큼 커서 개구리가 되도록 하는 게 자연의 순리인데 말이다.

개구리만 물에서 발생하는 것이 아니라 사람도 그렇고 다른 동물도 모두 초기 발생은 물 안에서 한다. 사람은 어머니의 자궁 안 양수 속에서 280일을 자란다. 물에 사는 동물은 말할 것도 없고 육상 생활을 하는 파충류, 조류, 포유류도 양막(羊膜)이 있고(그래서 유양막류라 부른다) 그 속에서 발생을 한다.

뜨뜻한 목욕탕에서 몸을 풀면서 무엇을 생각하는가. 탕이 곧 어머니의 아기집이 아닌가. 욕조 벽에 살짝 몸을 붙이고 눈을 지그시 감은 채 다리를 폈다 오므렸다 한다. 그러다가 두 손으로 탕 물을 떠서 얼굴을 씻고, 머리를 통째로 물속에 푹 담갔다 나와 휘젓고……. 이것은 모두가 어머니 탯속에서의 태동(胎動)짓이다. 어른이 되었는데도 태아 때의 흔적이 이렇게 자신도 모르는 사이에 나타난다.

이처럼 성체가 되었어도 유생의 흔적이 남아 있는 것을 '유형 성숙'이라 한다. 마음이 어리면 몸도 젊어진다니 그저 유치하게 살아갈 일이다. 늙어도 장난꾼으로 치기(稚氣) 넘치게 말이다. 누구나 늙음과 더불어 사는 게 아니겠는가.

『환경운동』에 게재된 전영호 · 임헌영 선생이 쓴 「신비한 개구리의 세계」 일부를 조금 다듬어 싣는다.

어린 시절 강아지풀의 열매나 피 이삭으로 개구리를 낚시질하던 추억을 간직한 이들이 많을 것이다. 여러 마리의 개구리가 모여 있는 도랑이나 논에서 움직이는 것을 포획하기 위해 가만히 있는 개구리 코앞에다 한 입에 들어갈 만큼 끝부분만 남겨 놓은 이삭 줄기를 살랑살랑 움직이면 개구리가 곤충인 줄 알고 재빨리 긴 혀로 입에 집어넣는 순간, 강아지풀의 줄기를 당겨 개구리를 잡은 기억도 있을 것이다.

개구리는 모기, 나방, 벼멸구, 이화명충나방 등 많은 해충을 먹이로 하기 때문에 우리에게 많은 도움을 주고 있다고 볼 수 있다. 그러나 우리 주위에 흔하게 볼 수 있었던 개구리들은 이제 점차 사라지고 있고 생물 실험으로 사용될 개구리도 쉽게 구할 수 없게 되었다. 생태계를 이해 못하는 우리의 짧은 생각이 우리 주위에서 흔히 볼 수 있었던 생물을 사라지게 한 것이다. 무분별한 개발과 환경오염으로 생태계가 파괴되면서 국내에서 서식하던 동식물이 하나 둘 자취를 감추고, 외국에서 도입된 동식물이 크게 번식하여 생태계 파괴를 가증(加增)시키고 있다.

안정된 생태계란 먹이사슬 관계가 복잡하여 다양한 생물이 존재하는 반면 파괴된 생태계는 먹이사슬 관계가 직선적으로 단순하고 생산자에서 최종 소비자에 이르기까지 개체 수나 에너지량에 있어서 밑이 넓고 위로 갈수록 좁아지는 삼각형의 형태를 나타내지 못한다.

특히 1980년대 초에 식용으로 들어온 황소개구리가 지역적으로 경남, 전북, 경기도 등에서 점차 확산일로에 있다. 황소개구리는 어린 올챙이 때부터 몸 크기가 참개구리의 성체 크기와 비슷하고, 왕성한 식욕으로 생태 평형을 깨뜨려 저수지의 물고기도 크게 감소하고 있다. 농약의 과도한 살포로 메뚜기, 개구리가 사라졌고 그 결과 뱀이 줄어들었으며, 뱀의 감소는 들쥐의 번식을 가져와 인간에게 유행성출혈 등의 재앙을 주고 있는 셈이다.

양서류란 물과 육지에서 모두 생활할 수 있는 동물을 말하며, 알은 물속에서 부화하여 성장하고, 성장한 후에는 물속, 물가, 뭍에 걸쳐 넓게 분포한다. 최초의 양서류는 약 4억 년 전에 물고기에서 갈라져 나와 최초로 물속에서 육지로 올라와 허파로 호흡하고 네 다리로 기어다닌 것으로 추정한다. 앞다리는 발가락이 4개이고 물갈퀴가 없으나, 뒷다리는 발가락이 5개이고 발가락 사이에 물갈퀴가 있어 물속 생활에 유리하다.

개구리류는 양서류에서 가장 번창한 무리로 전 세계에 20과 3,490종이 분포하고 있으며 우리나라에서는 개구리목에 5과 12종이 알려져 있다. 금개구리, 북방산개구리, 참개구리, 물두꺼비, 두꺼비, 맹꽁이, 산개구리, 무당개구리, 청개구리, 옴개구리, 아무르산개구리가 있으며,

외국에서 유입된 황소개구리까지 합하면 총 12종이 서식하고 있는 셈이다.

우리나라에는 두꺼빗과에 속하는 두꺼비와 물두꺼비 2종류가 살고 있다. 먼저 두꺼비에 대해서 알아보면, 두꺼비가 가지는 특색인 껌벅거리는 큰 눈, 일자로 꽉 다문 입, 크고 둔한 몸집, 거칠고 징그러운 피부, 어슬렁어슬렁 기어다니는 모습 등이 매우 인상적이다.

두꺼비는 산란기를 제외하고는 뭍에서 생활하고 있으며, 주로 밤에 활동하고 낮에는 장마철, 저녁 무렵, 흐린 날에 숲속의 어둡고 습한 곳에서 지낸다. 그러나 많은 지역이 도시화 혹은 환경이 오염되고, 한약재로 포획되는 등 수난으로 점차 개체 수가 감소되고 있다.

두꺼비들은 산란기에 물가로 모여 짝짓기를 한다. 3월 말부터 4월 중순경까지 웅덩이, 논, 연못에서 해캄 등에 몸을 숨긴 채 산란하고, 개구리에서 볼 수 있는 울음주머니가 없고, 산란기 때에도 울음을 들을 수가 없어서 짝짓기 장면을 야외에서 관찰하기는 어렵다. 두꺼비의 알 덩어리는 2줄로 된 끈 모양으로, 도저히 손으로 자를 수 없을 정도로 아주 질기며, 알의 개수는 1,000여 개이다. 이러한 알끈을 돌이나 나무와 같은 물체를 돌면서 감아 놓는다. 며칠이 지나면 아주 질긴 알끈도 발생의 진행과 더불어 아주 쉽게 분해된다.

부화한 올챙이는 해캄, 이끼 등을 먹으면서 자유로운 생활을 하고, 약 50여 일이 지나면 새끼두꺼비가 되어 물속에서 뭍으로 이동하여 육상 생활을 하며, 동작이 느려 이동 시에 많은 새끼들이 새나 뱀에게 잡아먹힌다. 아직 정확하게 밝혀지지는 않았지만 어미두꺼비들은 근처에서 살다가 새끼두꺼비들이 땅 위로 올라오면, 이들을 데리고 이동하는 것으로 알려져 있다. 어린 두꺼비들은 2~4년 동안 성장하여 성체가 되며, 주로 밤에만 나와 지렁이나 곤충 등을 잡아먹는다. 두꺼비는 귀샘과 등쪽 피부의 돌기에서 부포톡신(bufotoxin)과 같은 독액을 분비하여 뱀들도 기피하는데 유독 유혈목이(꽃뱀)는 이 두꺼비를 잡아먹는다고 한다.

다음으로 한국 특산종인 물두꺼비는 1931년 슈미트(Schmidt)가 개성 송도에서 채집한 표본으로 신종을 기록한 이후 남한에 서식함이 알려지게 되었다. 태백산맥의 계류에는 많은 개체군이 서식하고 있음이 알려졌으며, 지리산 뱀사골에서도 채집되어 물두꺼비의 남한계선은 지리산으로 본다.

물두꺼비는 산간의 평지 계류인 수심 30~60센티미터 되는 맑은 물에서만 발견된다. 몸길이가 6.5센티미터를 넘지 않으며 몸의 빛깔은 암컷이 황갈색이나 흑갈색이고, 수컷은 흑갈색의 단일색으로 대부분 무늬가 없다. 또한 외부에서 볼 때 고막이 없으며, 9월 하순에서 이동해 산란기인 3월 하순까지 6개월 동안 물속에서 지낸다. 몸집도 작고 비교적 날씬하며 행동도 민첩한 편이고 적을 만나면 무당개구리와 같이 몸을 움츠리고 누워서 죽은 체하는 모습으로 위기를 모면하려고 한다.

1980년대 초에 식용으로 들여온 황소개구리 산란 시기는 4~5월경이며, 약 90여 일이 되면 어린 황소개구리가 되며, 3년이 지나면 몸길이가 18센티미터 내외가 되고, 다리를 폈을 때는 40센티미터 가까이 성장한다.

저수지에서 물고기, 치어, 심지어 뱀까지 먹어 치우는 왕성한 식욕을 가진 황소개구리는 생활 반경이 넓은 저수지에서 크게 번성하고 있으며, 저수지의 왕자로 군림하고 있다. 황소개구리가 있는 저수지

가까이 접근하면 "꺅—!" 소리를 내면서 동료들에게 위험 신호를 보내며 재빨리 도망치는 것을 볼 수 있다.

무당개구리는 한국에는 강원도 지방에서 우점종으로 저지대에서 고지대까지 서식하고 있다. 태백산맥의 경우, 우점종에 속하나 남서부 지방으로 갈수록 개체군이 적어지며 지리산의 저지대에는 희소하나 500미터 이상 되는 고지대에서는 도로변이나 계곡의 암반에 물이 고여 있는 곳에서 무당개구리를 관찰할 수가 있다. 무당개구리는 타종과 수질오염에 강하고 또한 피부에 독성이 있어 사람들이 식용으로 잡지 않기 때문에 개체군이 증가 추세에 있는 종이다.

산개구리와 북방산개구리는 높은 산 활엽수림으로 이루어진 계류에 많이 서식하고 있었으나 겨울철에는 주민들이 물속의 바위를 들춰내어 동면하고 있는 것을 포획해 식용하고 또 전기충전기를 사용하여 다량으로 잡아 파는 사람까지 생겨 매년 개체 수가 감소하고 있다.

옴개구리는 전국의 하천이나 저지대의 계류 주변에 서식하며 청개구리는 전국에 서식한다. 5월에 산란기가 되면 저지대의 논에 모를 심어 놓은 곳으로 모여들어 산란을 하고 있어 5월에서 6월에 논에서 들리는 개구리의 울음소리는 대부분이 청개구리의 울음소리이다. 나뭇가지, 옥수숫잎 등의 보통 1미터 이내의 높이에서 몸을 숨기고 있다가 먹이가 나타나면 재빨리 잡아먹고, 발가락 끝에 빨판이 있어 비교적 떨어지지 않고 높은 곳에까지 올라갈 수가 있다.

참개구리는 보통 논밭 가에서 많이 보는 종으로 전국에 고루 분포하고 있으나 논에 산란하기 때문에 농약으로 인하여 개체군이 감소하고 있으며, 최근에는 논에는 없고 주로 강변이나 저지대 계곡의 초원에 서식하고 있다. 농약이 사용되기 이전에는 개구리 중에서 우점종이었으나 현재 논에서는 채집되지 않고 초원에서 주로 채집된다.

어쨌거나 '깨구리'들도 사람 등쌀에 죽을 맛이다. 악화가 양화를 구축하듯이 굴러온 놈들이 붙박이 개구리를(지상에 개구리가 먼저 생겼다) 시나브로 쫓아내는 꼴이 되었다.

씨 한 톨에도 만고불멸의 진리가

겨울 산으로 채집을 갈 때면 밭 가 덤불에서 산새들이 맞아 줘서 심심찮게 그들과 속마음을 나눈다. 저놈들이 한겨울에 뭘 먹고 살까 걱정하는 순간 눈앞에 찔레나무의 빨간 열매들과 다닥다닥 붙어 있는 망개나무 열매들이 보이는 게 아닌가. 몇 개를 따서 입에 넣어 단물을 빨아먹으면서, 입이 째져라 이 열매들을 한 움큼씩 넣고 배고픔을 달래던 어린 시절을 떠올렸다.

그때를 반추하면서 돌을 들춰 달팽이 채집을 계속한다. 그러다가 번득 또 생각이 산새들에게 미친다. '맞다, 지금 내가 저 새들의 먹이를 훔쳐 먹었구나!' 하는 찜찜함과 아울러 가을 감 따기를 끝내고 나무 끝에 홍시 몇 개씩을 까치밥으로 남겨 뒀던 옛 어른들의 여유 있는 마음이 떠올랐다. 까치의 겨우살이에도 마음을 썼던 넉넉한 그 어른들의 삶의 태도가 뇌리를 맴돌면서 요새 사람들의 한치 빈틈없는 빡빡한 인색함에 마음이 착잡해졌다.

세상에 공짜는 없다. 저 새들은 과육(열매살)을 소화, 흡수하는 대신 씨앗을 똥과 함께 어미나무에서 먼 곳에 떨어뜨려 새끼나무가 자라게 하니 말이다. 산삼도 이렇게 새가 이곳저곳에 씨앗을 퍼뜨려 심마니를 기다리고 있는 것이리라. 그래서 산새와 나무는 뗄 수 없는 인연이라는 끈으로 묶여 있다. 새똥 묻은 망개나무씨가 봄 햇살에 녹은 물과 따뜻한 지열, 무진장 떠 있는 산소를 빨면서 땅 깊이 뿌리를 내리고 새순을 틔워 새끼망개나무가 된다.

모든 식물의 씨앗은 여문 다음에 일정한 기간의 휴면기를 거치는데 그것은 딱딱한 씨앗의 껍질이 무르는 데 필요한 기간이다. 이때 씨가 비를 맞고 햇빛을 받고 낮은 온도에서 풍화되는 동안 얇아져 어린눈과 어린부리가 쉽게 움을 트는 것이다. 한편 그런 딱딱한 껍질이 생기는 이유는 씨가 겨울을 지내는 동안 다음 식물이 될 배(胚)를 추위에 얼지 않도록 하기 위해서이다.

모든 씨앗에서 새 눈이 나기 위해서는 산소, 물, 적당한 온도가 필요하다. 이런 조건이 만족되면 씨 속에서 발아를 억제하던 아브시스산(abscisic acid)호르몬이 점점 그 기능을 잃고 반대로 생장호르몬인 지베렐린(gibberellin)의 활동이 왕성해진다.

배세포의 단백질 합성이 증가하면서 세포분열이 일어나 어린뿌리가 제일 먼저 땅속에 뿌리를 내린다. 콩나물 콩을 물에 담가 보면 알겠지만 15분 정도면 뿌리를 내리는 놈들도 있다. 봉숭아씨같이 익어 떨어지면 곧바로 싹을 틔우는 것도 있다. 씨앗은 대부분 섭씨 2~5도에서 4, 5주 정도 저온 처리를 하면 눈을 틔운다. 그러나 어떤 씨앗은 떨어져서 몇 년이 지나야 휴면 상태에서 깨어나니 그 기간을 줄이려고 씨앗을 인공적으로 적당한 농도의 산(염산 등)에 담그기도 한다.

아무튼 제일 먼저 물이 씨껍질에 스며들면(침윤이라 부른다) 발아억

제물질이 제거되고 생장호르몬이 작용하여 배젖이나 떡잎에 저장되었던 양분들이 녹는다. 지금까지 억제되었던 생리적, 생화학적인 대사가 활성화되어(사실 너무 복잡한 반응이 일어난다) 뿌리와 눈을 만들고 떡잎은 땅 밖으로 머리를 내밀어 태양에게 인사한다. 이는 앞으로 햇살을 먹고 자라야 하니 잘 봐 달라는 애교 섞인 아부이다. 하얗기만 했던 여린 눈은 엷은 햇빛에도 엽록체를 만들어 연푸른 색을 띠면서 하늘로 치솟는다. 이때 어린잎은 제가 만든 양분으로는 부족하여 이미열매의 양분을 녹여 먹는다. 그래서 어린잎이 광합성을 제대로 하는 독립의 날이 되면 열매는 속이 비어 막창자꼬리처럼 씨껍질만 달랑 남는다. 동물이나 식물이나 한 생명의 탄생은 이렇게 숭고하고 아름답다.

앞에서 발아를 촉진하기 위해서 산(酸)에 씨앗을 처리한다는 이야기를 했다. 그러면 새에 먹힌 산삼씨와 어미그루 밑에 버려진 씨 중 어느 것이 더 잘 싹틀까. 새의 모래주머니와 앞위에서 분비된 소화액에는 염산이 들었으니 분명 씨 싹틈을 자극하는 일은 새가 더 낫다. 정녕 자연의 조화는 오묘하고 신비롭다.

한 후배 교수는 어떤 새가 어떤 씨를 얼마나 먹어 치우는지 장소를 정해 놓고 조사한 적이 있다. 사실 식물들은 제 자식을 많이 멀리 분산하기 위해서 별의별 기술을 동원한다. 단풍나무, 소나무는 열매에 날개를 달아 바람에 날려 가게 하고, 도꼬마리는 열매를 사람 바지춤이나 다리에 붙여 무전여행을 하게 하고, 콩꼬투리나 봉숭아는 씨주머니를 용수철처럼 튀게 하여 씨를 퍼뜨리며 코코넛은 물 따라 흘러가게 한다.

1930년 베크렐(Becquerel)은 파리국립박물관이 보관하던 유리병 속의 씨앗들을 수거하여 씨앗의 발아력을 실험했다. 사탕단풍씨는 일주일이 채 못 되어 발아했는가 하면 인도의 어느 늪지대에서 채집한 연꽃씨는 천 년이 넘었는데도 발아를 했다. 심지어 언 땅속에 보관했던 어떤 식물 씨앗은 만 년이 넘었는데도 싹이 텄다. 이 실험 결과 씨앗들이 저온이고 습도가 낮고 산소가 부족할 때 오래 발아력을 유지한다는 사실을 알아냈다. 모질고 독한 놈들이다. 천 년이 넘게 작은 씨 속에 생명이 들어 있었다니 말이다. 만고불멸(萬古不滅)의 진리가 씨 한 톨에 들어 있다. 작은 씨앗 하나에 풀 한 포기, 나무 한 그루가 다 들어 있다. 이것은 달걀 하나에서 병아리 한 마리가 나오는 것과 하나도 다를 게 없다. '밀알 썩듯이' 씨앗이 썩어(화학 변화를 일으켜) 뿌리, 줄기, 이파리가 되고 다시 종자를 맺는 것이다.

나무 이야기를 하나 더해 본다. "콩 심은 데 콩 나고 팥 심은 데 팥 난다."라는데 감, 귤 씨를 심으면 감나무, 귤나무가 자랄까? 감은 고욤나무에, 귤은 탱자나무에 접을 붙인 것이라 놀랍게도 감씨에서는 고욤나무가, 귤씨에서는 탱자나무가 나온다. 고욤이나 탱자나무 대목(臺木)은 뿌리가 튼튼하고 번성하여 물과 양분을 잘 흡수하기에 귤, 감을 접붙인 것이다. 대체 뿌리에서 물과 양분 외에 무엇을 또 올려 보냈더란 말인가. 어릴 때 허기져서 따 먹었던 떫디떫은 하얀 감꽃도 목걸이를 할 만큼 컸는데 씨는 고욤씨라 하지 않는가. 뿌리란 이렇게 무서운 것이다.

감은 감이나 감 속의 씨는 고욤이요, 귤의 씨앗은 탱자라는 사실은 우리더러 근본을 잃지 말라고 타이르는 것 같다. 해거리하지 않는 감나무를 개량할 수는 없을까 하는 뚱딴지 같은 생각도 해 본다. 어쨌거나 씨 한 톨이 발아하는 데는 만 가지 자연현상이 다 관여한다.

근친교배를 피하는 생물의 지혜

애당초 알았든 몰랐든 간에 사랑의 끈은 맺었으나 결혼신고도 못하고 자식들에게는 법적 부모가 되지 못하는 동성동본인 젊은이들이 우리 주변에 널려 있다. 이런 악법(?)을 가지고 있는 나라는 세계적으로 우리밖에 없다. 그래서 개방주의자인 '여성 동무들'은 동성동본 결혼을 허락하라고 국회 앞마당에서 아우성을 친다. 그 옆에서는 흰두루마기에 검은 갓을 쓴 유림 양반들이 "세상에 저런 '쌍놈'들이 어디 있느냐." 하면서 퉤퉤 침을 뱉고 있고. 보통 사람들을 헷갈리게 하는 사건이요, 장면임에는 틀림없다.

은행나무, 뽕나무, 삼(대마초 원료) 같은 것들은 암수딴그루로 꽃이 숫제 따로 핀다. 호박이나 오이는 같은 줄기에서 암꽃과 수꽃이 따로 피는 단성화(單性花)이고 그 외 대부분 식물은 암술과 수술이 한 꽃송이에 들어 있는 양성화(兩性花)이다. 양성화 중에서 제 수술 꽃가루를 암술머리에 묻히는 것과 다른 꽃에서 꽃가루받이를 하는 것 중 어느 경우가 수정이 잘 될까. 전자는 자가수분(제꽃가루받이)이라 하고 후자는 타가수분(딴꽃가루받이)이라고 하는데 동성동본의 만남은 당연히 제꽃가루받이에 비유된다. 참 신기한 일이다. 식물도 제꽃가루받이를 가능한 한 거부한다. 양성화는 암술머리에 끈끈한 꿀을 내어 꽃가루가 잘 묻도록 하는데, 바로 옆 수술의 꽃밥에 수백만 개의 꽃가루가 있건만 넙죽 받아먹지 않고 굳이 꿀로 다른 곤충을 유인하여 딴꽃의 꽃가루를 받으려 한다는 것이다. 이렇게 자연현상 이면엔 필유곡절(必有曲折)이 있으니 참 묘한 일이다.

우리집 화단에는 자두나무 한 그루가 서 있다. 손바닥만 한 묘목을 이사오자마자 심었으니 꼭 14년이 되었는데 작년에서야 처음으로 겨우 4개의 자두가 열렸다. 집사람은 '등신 나무'라고 놀려 대지만 나는 그 이유를 이미 알고 있었고 여러분도 짐작할 것이다. 서울에 벌, 나비가 없어 그럴 것이라고 지레짐작하지는 마시라. 그놈들이 없으면 똥파리라도 꽃가루를 옮긴다.

이 신비는 미국 펜실베이니아 주립대학교에서 공부하던 배현숙 박사가 풀었다. 배 박사는 핵산의 성질을 이용하는 분자생물학적 접근으로 원인을 밝혔는데 이 내용은 과학 잡지 『네이처』 특집으로도 실렸다. 그 해답을 이해하기 위해서는 최소한 생물학과를 나와야 하는 것이라 여기서는 자세히 설명 못하는 점을 이해해 주길 바란다. 실험 대상 식물은 피튜니아(petunia) 꽃인데, 제 꽃가루가 암술에 떨어져도 이 꽃이 수정되지 않는 것은 암술 유전자의 'S좌위'가 자기 꽃가루를 인지하고 꽃가루의 유전자를 파괴하여 수정을 막기 때문이다. 쉽게 말하면 제 꽃가루와 씨방은 궁합이 맞지 않는다는 것이다. 식물도 이렇게 오롯한 개성이 있는 것인가.

지렁이 같은 하등동물은 대부분 난소와 정소를 한 몸에 가지고 있는 암수한몸이다. 식물이라면 앞에서 말한 양성화인 셈이다. 그럼 지렁이는 제 몸속에서 만든 정자와 난자로 수정을 할까 아니면 귀찮게 짝을 찾아 짝짓기를 할까? 역시 오묘하다. 지렁이는 중신아비 월하노인(月下老人)이 필요 없다. 제 사는 굴에서 나와 막바로 옆집 친구 지렁이를 찾아가서 청혼한다. 옆집 놈도 "사실은 내가 찾아가려고 했다." 하고 반겨 맞으며 정자를 서로 교환한다. 과정을 생략해서 그렇지 짝을 찾느라 오랜 시간을 보내는 짚신벌레처럼 이 녀석늘도 선보고 궁합도 보았을 것이다.

지렁이는 다른 개체의 정자를 받아 저정낭에 가득 채워 두었다가 익은 난자가 수란관을 타고 나올 때 주머니를 풀어서 수정한다. 양성화 식물은 짝을 찾아가지 못하니 벌, 나비에게 꿀을 선물하고 대신 꽃가루를 받지만 재주 좋은 지렁이는 어정어정 기어가서 딴 놈의 정자를 받는다. 한마디로 동물도 자가수정은 하지 않는다는 것이다.

미물들도 함부로 막살이하지 않는다는 점에 눈을 돌려야 한다. 그러면 난소, 정소를 다 가질 필요 없지 않느냐는 의문이 남는다. 지렁이 한 마리가 불가피한 이유로 격리되었을 때는 어쩔 수 없이 자가수정을 한다. 하등동물들도 근친결혼은 나쁘고 가능한 한 다른 형질을 가진 것과 만나는 것이 좋다는 잡종강세(雜種强勢)를 잘 안다. 그놈들을 받들어 뫼시고 싶은 생각이 굴뚝 같다.

사실 사람들에게는 나쁜 유전성 형질이 많다. 손발만 봐도 단지증(손발에 관절이 하나 없다), 다지증(육손이), 합지증(손가락끼리 달라붙음) 같은 것이 있다. 이외에도 어린증(피부가 물고기 비늘 같다), 내장역위(창자가 좌우로 바뀜), 색맹, 혈우병, 파킨슨병, 치매증 등 수두룩하다. 이런 인자는 어느 가계에 흘러내리는데 근친결혼을 할수록 악성 인자끼리 만나 발병할 확률이 높다.

남녀의 결혼 조건은 매우 까다롭다. 어느 규수 집에 남자를 소개할 때 색시 어머니 물음을 들어 보면 사람마다 조금씩 다르겠으나 나이, 키, 직장, 성씨 대략 이런 순서이다. 옛날 같으면 나이, 성씨, 재력 순서로 나갔을 것인데. 예나 지금이나 결혼의 첫째 조건은 나이인데 보통 남자가 여자보다 두세 살 위인 것을 선호하는 이유는 어째서일까. 이 답도 동식물 세계에서 찾을 수 있다.

양성화의 암술과 수술 중 어느 쪽이 먼저 성숙해진다고 여러분은 생각하는가. 군자란이나 백합의 꽃은 암술, 수술이 커서 쉽게 관찰할 수 있다. 꽃봉오리가 벌어지기 전에 꽃봉지 끝을 자세히 들여다보면 익은 암술머리가 먼저 뾰족 고개를 내민 것을 볼 수 있다.

이때 봉오리를 살짝 찢어 벌리면 수술들은 아직도 꽃가루가 익지 못하여 턱없이 어리다. 이렇게 암놈이 수컷보다 빨리 자라는 성질을 자성선숙(雌性先熟)이라 한다. 물론 웅성선숙(雄性先熟)의 예도 얼마든지 많다. 암술은 길게 뻗어 난쟁이 수술과 거리를 둠으로써 자가수정을 예방한다. 이렇게 식물은 성숙 속도를 조절하여 근친결혼을 피한다.

사람을 봐도 역시 여자 아이가 조숙하여 보통 초등학교 5학년이면 첫 생리를 시작한다. 같은 학년의 사내놈들은 아직도 여학생 치마나 들추고 '아이스크림'이나 찾지 않던가. 사람도 자성선숙이다. 그런가 하면 수송아지가 암놈보다 훨씬 빨리 자라고 덩치가 큰 것은 웅성선숙의 예가 되겠다. 닭의 예를 보자. 봄과 가을에 깬 것을 섞어 키우면서 관찰한 것인데 가을 것들이 커서 알을 낳을 때가 되었을 때 그 암탉은 같은 배의 수놈과 짝짓기 하지 않고 봄에 깐 오빠(?) 닭과 교접을 했다. 여대생들이 군대 갔다 온 복학생 '오빠'를 찾는 것도 닭과 비슷한 이유이다. 이렇게 닭이나 사람이나 한 터울 늙은 수놈을 찾는다. 요사스럽고 간특하다고나 할까.

여자들이 자기보다 나이가 많은 남자를 배필로 고르는 것은 생물의 공통된 하나의 본능이다. 성적으로 성숙하고 유전자가 튼튼하며 나이 어린 남자보다 경제적으로 여유가 있는 등 여러 이유가 섞여 있다고 하겠다. "시시덕이는 재를 넘어도 새침데기는 골로 빠진다."라고 새침데기 여자는 나름대로 잇속을 다 챙긴다. 부부가 백년해로를 하려면 여자가 남자보다 7, 8세 더 많아야 한다는데 사실은 반대이니 이상야릇한 일이 아닐 수 없다. 어쨌거나 생물계에는 알다가도 모를 일이 하늘에 별처럼 많다.

천적(天敵)

인간을 포함하는 생물계를 잘 들여다보면 먹고 먹히는 정글 법칙이 지배하는데 그들의 관계는 일정하게 순서가 정해져 있다. 이때 먹히는 놈을 피식자(被食者), 잡아먹는 놈을 포식자(捕食者)라 하며 잡아먹는 놈을 먹히는 것의 천적이라 한다. 대인 관계에서도 별것이 아닌데도 어쩐지 껄끄럽고 다루기 힘든 상대가 있으니 이때도 천적의 개념이 도입된다. 그런 사람 앞에서는 '고양이 앞의 쥐' 꼴이 되고 만다.

천적이란 흔히 동물 사이만을 말하는 것으로 동물치고 천적이 없는 것은 없다. 그런데 동물은 식물 없이는 존재하지 못한다. 식물을 동물이 먹을 때는 천적이라 하지 않고 해충이라고 표현한다. 동식물은 한 번 태어나면 반드시 죽어 썩으니 분해를 책임지는 것은 세균(박테리아), 균류(곰팡이, 버섯 등) 등이다. 이렇게 썩은 것은 거름이 되어 식물 뿌리에 빨려들어 가 식물을 쑥쑥 자라게 하니, 낙엽귀근(落葉歸根)이다.

이렇게 생물계는 생산자인 식물, 소비자인 동물, 이들을 분해하는 균류로 되어 있으며 이것들이 서로 얽혀 균형을 이루고 있을 때 우리는 생태계가 균형을 이루었다고 한다. 그리고 생산자, 소비자, 분해자 어느 하나라도 갑자기 변하면 생태계가 파괴되었다고 한다.

동물 중에서 메뚜기나 송충이(솔잎을 먹는 송충나방이의 유충)를 1차 소비자라 하고 이놈들을 잡아먹고 사는 개구리나 산새를 2차 소비자, 이들을 먹는 뱀이나 독수리를 3차 소비자…… 이런 식으로 먹고 먹히는 것이 고리를 이루는 것을 먹이연쇄라 한다.

또 앞의 예에서 뱀은 새를 먹고 독수리도 뱀을 먹어 실은 생태계 전체를 보면 그물처럼 얽혔으니 이를 먹이그물이라고 한다. 그러고 보니 생태계는 천적 투성이이다. 이 중 사람은 메뚜기, 개구리, 뱀, 새를 모조리 결딴내니 동물들이 제일 두려워하는 대천적인 셈이다. 사람은 참 지독한 동물이다.

사람들이 뱀을 마구 잡아 쥐가 늘어난다는 기사를 읽었다. 알고 보면 사람들이 뱀을 잡아먹어서라기보다는 농약을 퍼부어 대어 메뚜기가 죽고, 개구리가 감소하여 뱀이 줄고, 결국 쥐가 늘어난 것이다. 이는 먹이사슬의 의미를 이해할 수 있는 예인데 뱀과 쥐 관계로만 좁혀 보면 뱀은 쥐의 천적으로 쥐의 수가 늘어나면 곧 다시 뱀도 늘어날 것이다. 그리고 뱀이 증가하다 어느 정도에 이르면 쥐가 줄어들고 다시 뱀이 줄어든다. 이런 작은 변화는 항상 있었고 또 있을 것이다. 작은 흔들림은 있으나 전체적으로 보면 그렇게 산만하지만은 않다. 서로 얽혀 먹고 먹히면서 안정을 이루는 것이 자연계요, 생태계이다.

그런데 힘센 다른 종이 새로 나타나 이 자연의 균형을 깨뜨리는 경우가 흔히 있다. 1970년대 초반일 것이다. 원목에 묻어 들어온 흰불나방이(애당초 미국, 캐나다 쪽에 살았다)가 가로수인 플라타너스나 화단의 활엽수 잎을 무자비하게 갉아먹어 나라에 비상이 걸린 적이 있었다. 한마디로 인목불견이었다. 이렇게 흰불나방이들이 창궐할 수 있었던 것은 이놈들과 대적할 천적이 없었기 때문이다. 사실 천적이 없었다기보다는 미제 흰불나방이가 우리나라 거미, 벌 들의 입맛에 맞지 않았기 때문이다.

이렇게 자연계의 균형이 실수로 한번 깨지면 그것을 회복하는 데는 긴 시간이 걸린다. 솔잎혹파리의 경우는 천적이 있는데도 대량 발생하여 여린 솔잎을 걸쩍지근하게 먹어 치우고 있는데 이것도 시간을 두고 기다리면 저절로 해결되니 그리 호들갑떨 일은 아니다.

흰불나방이와 비슷한 예가 황소개구리, 파랑볼우럭(블루길), 큰입우럭(베스), 찬넬메기 등이다. 이것들은 나무나 곡식, 과일 등에 묻어 들어온 것이 아니고(그래서 어느 나라나 나무, 씨앗, 과일 등을 검역할 때는 엄격한 것이다) 한술 더 떠서 내수면 개발이라는 미명 아래 으스대면서 들여온 것인데 지금은 이로 인해 큰 곤욕을 치르고 있다.

소양호에만 해도 이스라엘잉어, 블루길, 베스 등이 눈에 띄게 많아져서 호수 생태계를 뒤흔들고 있다. 토종 물고기의 씨가 마를 지경이다. 욕심이 과하면 눈이 머는 법이다. 이제서야 유입종(流入種)들을 다 잡아치우겠다고 하는데 무슨 수가 있겠는가. 강과 호수의 물을 다 퍼낼 수도 없는 일이고. 어디 자연 생태계만 문젠가. 사람 생태계에도 서양 문물이 판을 치는데. 물이 낮은 데로 흐르듯 농도 차이에 따른 문화의 확산도 막을 길이 없는 법이다.

지구의 주인은 과연 사람일까. 한때는 그 주인이 공룡이었고 언젠가는 곤충이 될지도 모른다. 잘 보면 사람과 사람이 싸우면서 사는 것 같아도 그렇지 않다. 사람에게 큰 적이 되는 동물은 역시 곤충이다. 곤충은 바다를 제외하고 안 사는 곳이 없다.

오늘도 논밭과 과수원에 그 독한 농약을 뿌려 대는데 그곳이 곧 곤충과 큰 전쟁을 벌이는 싸움터인 것이다. 박이 터지는 먹이 싸움터이다. 멸구나 이화명충이 벼를 다 갉아먹어 버리고 깍지벌레가 귤을 다 먹어 버리면 사람은 뭘 먹고살겠는가. 쪽박을 찬다는 소리가 절로 날 것이다. 그래서 인간들은 몸에 해로운 줄 알면서도 그놈들을 죽이기 위해서 저렇게 화학탄을 쏘아 댄다.

농약 살포는 파괴의 얼굴도 갖고 있다. 곤충은 물론이요 그놈들의 천적까지 싸잡아 죽이고 어떤 놈들은 돌연변이를 일으켜(내성이 생긴다는 표현을 쓴다) 같은 농약에는 죽지도 않는다. 그래서 우리는 새로운 농약을 만들고 더 많은 농약을 뿌린다. 천적을 죽였으니 지금까지의 논조에 대입하면 우리 스스로 생태계를 파괴하는 꼴이다. 자승자박이요, 병은 고쳤으되 환자는 죽은 꼴이다. 이런 자각에 바탕을 둔 것이 천적 활용이다.

인간들은 이외에 제3의 작전까지 짜내고 있다. 대략 간추려 이야기하면 첫 번째가 페로몬 이용법이다. 곤충들은 대부분 몸에서 분비하는 냄새로 의사소통을 하는데 먹이 있는 곳이나 적을 알리기 위해서이다. 그뿐만 아니라 성 유인물질도 분비하는데 이것을 이용하는 것이다. 즉 사람이 암놈 페로몬을 합성하여 뿌려 두어 수놈을 유인해 죽이는 것이다. 사랑의 향수를 빨면서 뭇 수놈은 죽어 간다!

두 번째는 정자를 만들지 못하는 고자 수놈을 만들어 놓아 는실난실 요염 떠는 암놈과 짝짓기 하게 하는 것이다. 암놈이 수정 안 된 알을 낳게 하는 방제 방법이다. 세 번째는 애벌레를 번데기로 바꾸는 용화호르몬에 탈피억제호르몬을 합성해 살포하여 사람의 피임제같이 호르몬의 균형을 헝클어 놓는 방법이다. 이러나저러나 모두가 머리 싸움이다. 다음은 천적을 이용한 좋은 예이다.

「한국의 파리를 미국에 수출하다」라는 큰 제목의 기사가 1994년 7월 모든 신문에 크게 실린 적이 있다. 여기에서 말하는 파리는 집파리가 아니고 기생파리류(우리나라에는 10여 종이 산다)를 말하는데 미국의 어느 나방이류의 천적으로 쓰겠다는 것이다. 10년 넘게 미국 사람들이 우리나라 산림청 안에 '아시아천적연구소'를 차려 자기 나라에 가져다 쓸 수 있는 기생파리나 기생벌을 연구하고 있었다니 역시 우리보다 단수가 높은 무서운 사람들이다. 어찌 보면 아무 일도 아닌 것 같으나 일천한 우리나라 과학 바탕을 적나라하게 보여 주는 사례이다.

미국으로 시집간 우리 기생파리는 미국 어느 나방이의 애벌레에 새끼를 칠 것이고 그것들은 애벌레 몸속으로 파고들어 양분을 빨아먹고 번데기가 되었다가 나올 것이다. 결국 한국 기생파리에게 양분을 홀랑 다 빼앗긴 미국 나방이 유충은 죽고 말이다. 사실 어렵게 설명했지만 별 건 아니다. 이 책의 「나비 나방이」에서 상세하게 설명했듯이 기생파리류인 영장파리가 누에에 쉬를 슬면 나중에 누에고치 속에서 영장파리가 나오는 것과 똑같은 원리이다.

이렇게 생물 천적으로 해충(사람 입장에서 하는 소리이다)을 방제한 사례는 참 많다. 한때 미국 캘리포니아에 이세리아깍지벌레가 창궐하여 감귤 잎과 가지의 즙을 다 빨아먹어 폐농 직전에 놓였었는데, 이 귤나무의 원산지인 호주에서 깍지벌레의 천적인 무당벌레를 수입하여 깍지벌레 방제에 성공하였다.

여담인데 우리가 무당벌레라고 이름 붙인 이 곤충을 서양 사람들은 'lady-bug(숙녀 벌레)'라고 부르는 것을 보면 시대와 장소, 인종에 따라 생물을 보는 관점이 다른 모양이다.

앞에서도 이야기했지만 천적이 없는 동물은 없다. 그래서 천적까지 싸잡아 무자비하게 죽이는 농약을 쓰지 않는 최선의 방법을 궁리해야 할 것이다. 농약은 생태계의 분해자에게까지도 영향을 미치기 때문이다. 방부제 든 식품, 항생제를 함유한 육류 등을 너무 먹어 사람 시체가 썩지 않을 정도라는데 거기다 농약 묻은 것까지 먹어야 하겠는가.

앞에서 먹이사슬과 먹이그물을 간략하게 설명하였는데 '사슬'은 항상 생산자인 식물에서 시작한다. 생산자가 태양에너지로 만든 곡식을 닭이 먹고, 그 닭을 사람이 먹는 간단한 먹이사슬로 설명을 보태본다. 여기서 닭이 모이를 먹는 행위는 태양에너지가 화학에너지로 바뀐 모이 속에 든 그 에너지를 먹는 것이다.

사람이 닭고기를 먹는다는 것도 닭이라는 에너지를 먹는 것이니 태양에너지가 변형되어 사람에게까지 흘러든 셈이다. 결국 우리가 닭을 먹는 것은 먹이사슬을 통해 흘러온 태양에너지를 먹는 것이다. 생물학에서는 이를 에너지 흐름이라 하는데 먹이의 고리들은 에너지 흐름에 필요한 도선(導線)이 된다.

그러면 탄수화물인 곡식을 단백질이나 지방으로(닭으로) 만들어 먹는 것과 곡식 그 자체를 먹는 문제를 보자. 『삼국지』의 어딘가에도 적군에 포위된 상태에서(곡식이 동나고 있었다) 곡식을 사람이 직접 먹느냐 아니면 곡식을 먹인 닭을 요리해서 먹느냐 논쟁하는 장면이 나온다. 그 시대 사람들도 알 것은 알아서 곡식을 먹어야 한다고 결론

짓는다.

먹이 고리에서 한 단계씩 넘어갈 때마다 대략 에너지량이 10배씩 줄어든다. 다시 말하면 앞 단계의 양이 뒤의 것보다 항상 10배가 되어야 한다는 것이다. 닭 한 마리가 대략 제 크기의 10배의 곡식을 먹는다고 계산하면 『삼국지』의 결정이 얼마나 현명했는지 알 수 있다. 따라서 하나뿐인 이 지구의 자원을 아끼는 길은 결국 육식보다 초식을 하는 것이다.

그렇게 하면 지금 인구의 10배가 되어도 문제가 없다. 호수생태학자들이 계산한 결과를 봐도 그렇다. 식물성 플랑크톤(생산자)을 동물성 플랑크톤(1차 소비자)이 제 덩치의 10배를 먹고, 또 작은 물고기(2차 소비자)는 동물성 플랑크톤을 10배 먹으니 여기서만 보면 물고기 1그램은 100그램의 식물성 플랑크톤을 먹는 셈이다. 3차 소비자인 10그램의 더 큰 물고기는 1,000그램의 플랑크톤을 먹고…….

길게 설명하지 않아도 우리가 먹는 음식물은 다 그렇게 흘러온 에너지이고 모든 에너지의 근원이 태양이라는 것은 이해했을 것이다. 모든 에너지는 태양에서 왔다! 그래서 우리는 태양(에너지)을 먹고사는 것이다. 태양이 없어지면 '암흑의 세상'이 되는 것이 문제가 아니라 '에너지 없는 세상'이 되어 무섭다.

지금까지 생태계 속에서 사람의 자리를 직간접적으로 다루었는데 이제는 '사람 사슬' 이야기를 하겠다.

먹이사슬과 먹이그물은 같은 내용일 수 있지만 그것을 뜯어보면 조금 다르다. 먹이그물은 많은 직선 개념의 먹이사슬들이 복잡하게 얽혀 그물을 이룬 것이다. 사슬은 잘리기 쉬우나 그물은 여러 그물코로 얽혀 있어 한 코가 날아가도 건재한다. 벼메뚜기 → 개구리→뱀→독수리라는 사슬 하나만 놓고 보면 메뚜기가 없어질 경우 줄줄이 다 멸종하고 말겠지만 자연계는 그렇게 단선적이지 않다. 메뚜기가 없어져도 개구리는 다른 곤충을 먹고살며 뱀도 개구리 말고 쥐, 새, 두더지 등 다른 놈들을 잡아먹고 산다. 자연은 그렇게 겉치레로 보이는 것처럼 단순하지 않다.

사람과 사람도 이와 같아서 알게 모르게 복잡한 관계를 맺고 있다. 대인 관계를 두부 자르듯 하고 남을 깎아내리며 딴죽 걸 줄만 알고 이해타산에 맞춰 사는 독불장군과 이 사람 저 사람 다 좋아하고 치켜세우며 둥글둥글 더불어 태연자약 유들유들 사는 사람 중 어느 쪽이 튼실한 그물 같은 인간관계를 맺을까. 답이 뻔한 물음이다. 이것저것 따져 가며 살아가는 사람은 '인간 사슬'을 이루는 반면, 너 좋고 나 좋게 더불어 사는 이는 '인간 그물'을 이룬다.

다시 묻지만 어느 쪽이 사람답게 사는 것이고 사회생활을 잘하는 것인가. 인간도 외줄 사슬보다 실타래같이 얽혀 사는 그물 인생이 값지다. 외줄 사슬 인간은 너무도 이기적이라 친구가 없게 마련이다.

일반적으로 개성이 강하고 자신만만한 사람들은 단독생활을 하는 호랑이처럼 외톨이로 행동하고 그렇지 못한 사람들은 얼룩말처럼 떼를 지어 자기 방어를 하려는 속성이 있다.

그런데 밀림의 왕자라는 억세게 힘센 사자도 얼룩말 한 마리를 7, 8마리가 몰이를 해서 잡는다. 콧수염 뻐기는 호랑이보다는 목털 자랑하는 사자됨이 옳지 않을까. 더불어 사는 지혜를 사자에게 배운다. 여시아문(如是我聞), 내 듣기로는 이랬다.

좁은 골짜기의 해는 짧다고 한다. 해진 옷 한 벌이어도 좋다. 덧댄 구두라도 좋다. 불어터진 발바닥도 좋다. 지음(知音) 없으니 논틀밭틀

호젓한 오솔길 따라 맑은 바람 내음 맡으며 허허로운 마음으로 마냥 걸어 볼 일이다. 날마다 좋은 날이면 그것으로 족하다. 배부르고 등 따스우면.

소나무의 겨울나기

살을 에는 이 엄동설한 찬바람에 풀들은 죄다 풀빛을 잃고 나무도 잎사귀를 모두 떨어뜨린 채 겨울을 보내고 있다. 초본(草本)들 일부는 씨앗으로 또 일부는 따스한 땅 기운에 의지하여 생명을 부지하고 목본(木本)들도 땡땡 얼어 죽어 나자빠질 것 같으나 끈질기게 추위를 버티고 있다. 모질고 질긴 삶이다.

풀 중에는 풀색을 그대로 지닌 보리, 배추와 독야청청 푸르디푸른 송죽(松竹)도 있다. 솔잎과 댓잎은 어찌하여 겨우내 얼어 죽지 않고 푸르름을 뽐낼 수 있단 말인가. 또 땅속의 지렁이와 개구리는 어떻게 월동하는 것일까. 겨울나기는 생물들에게 생사가 걸린 정녕 심각한 일이다.

물과 온도가 생물에게 제일 민감하게 영향을 끼친다. 스산한 가을바람이 불면 기온은 떨어지고 땅도 차가워져 뿌리는 물을 빨아들이지 못한다. 그래서 잎은 말라비틀어지고 떨어진다. 그리고 급기야 서리가 내리고 땅이 얼어붙는다. 식물들은 그 상태로 몇 달을 버텨야 한다.

한겨울에는 솔잎이 뼈같이 꽁꽁 얼어 빳빳이 굳는다. 영하 20도가 넘는 매서운 추위에 눈까지 뒤집어쓰고 게다가 바람까지 가지를 흔들어 대니 소나무는 죽을 맛일 것이다. 그러나 지독하게도 솔잎은 얼어 터지지 않고 이겨 낸다. 소나무, 대나무는 무슨 요술쟁이란 말인가.

소나무를 이루는 세포들에도 물이 들어 있으니 세포들이 얼지 않을 수가 없다. 그런데 용케도 세포막 안에 얼음 알갱이가 생기지 않고 세포와 세포의 틈새에만 얼음이 생긴다. 물이 얼기 시작하면 얼음 알갱이가 커지면서 세포 속의 물을 빨아내고, 이 때문에 세포 자체는 탈수되어 얼지 않고 대사 기능만 최하인 상태에서 겨울을 보낸다고 식물 생리학자들은 말한다. 그러나 저온에 천천히 적응할 기회도 없이 벼락 추위가 엄습하거나 너무 추우면 별수 없이 나무줄기가 쩍쩍 갈라지고 만다.

영하 15도이던 날씨가 하루아침에 한여름 기온인 영상 30도로 확 바뀐다면 어떤 일이 일어날까. 방글라데시에서는 영상 5도의 한파(?)가 몰아닥쳐 100명이 넘게 얼어 죽었다는데 이 흉흉한 기사는 뭘 의미하는가. 작년 여름 얼마나 더웠던가. 그런데도 우리는 지금 별 탈 없이 영하의 추위를 잘 견디고 있다. 동물이나 식물이나 천천히 그리고 조금씩 바뀌는 기후 변동에는 차근차근 적응을 하지만 갑작스런 변화에는 순응하기가 어렵다.

이에 관한 재미있는 실험 결과가 있다. 2도부터 천천히 순응시켜 영하 85도까지 내려가도 멀쩡했던 식물이 순식간에(1분 동안) 8도를 낮추자 세포가 죽더라는 것이다. 사람이 환절기에 기온 변화라는 스트레스를 받아 감기에 잘 걸리는 것도 이런 원리로 보면 되겠다.

식물이 저온에 순응한다는 것은 무엇을 의미할까. 사실 우리는 식물이 얼면 세포 부피가 커지고 이로 인해 세포벽이 터져서 죽는 것으로 알기 쉬우나 세포 틈에서만 얼음이 생기고 안에서는 얼지 않아 큰 상해를 입지 않는다.

덧붙이면 날씨가 차가워지면 상록수의 세포 속에는 아미노산 무리인 프롤린(proline)이나 베타인(betaine)은 물론이고 수크로오스(sucrose) 같은 탄수화물이 증가하여 얼음핵이 생기는 것을 억제한다. 옛날에 비해 한강이 덜 언다고 한다. 더러운 물은 깨끗한 물보다 잘 얼지 않는다. 여기서 더럽다는 것은 물에 다른 유기물 용질이 많이 들어 있다는 뜻이다. 식물의 경우는 추워지면 세포에 많은 용질이 생기니 이것이 순응이요, 저온에 대한 적응이다. 소금물이나 설탕물보다 맹물이 더 빨리 얼어 붙는다는 것을 말하지 못하는 저 식물들이 먼저 알고 있었다니 그놈들도 참 제법이다.

휴면 중인 바싹 마른 씨앗은 영하 196도에서도 너끈히 견딘다니 얼어 죽는 데는 물이 까탈을 부리는 것이다. 설명이 미진해서 '하루살이에게 겨울 이야기'를 한 꼴이 안 되었는지 모르겠다.

살얼음 낀 어항의 열대어들이 배를 하늘로 뒤집고 죽었는가 하면 얼음 속의 붕어 놈은 봄 햇살에 얼음이 녹으니 지느러미 지치며 물에서 놀기 시작한다. 간만의 차가 심한 저 남 · 서해안 조간대의 굴이나 삿갓조개는 몸이 얼었다 녹았다를 6시간 주기로 한다. 그뿐인가! 어중간하게 땅속으로 파고든 청개구리나 살모사도 저 혹한 추위를 잘도 견딘다.

동물들은 무슨 수를 써서 월동을 할까. 동물 세포들도 식물과 비슷하다. 빙점 이하에서는 세포 밖으로 물이 빠져나가 세포는 쭈그러들지만 세포 안은 멀쩡하여 세포 밖에서만 얼음이 생긴다고 한다. 또 식물과 마찬가지로 세포 안에서는 용질의 농도가 높아져 빙점을 낮춘다고 한다.

한마디로 물이 얼지 않게 하는 물질들이 원형질에 들어 있어 더 낮은 온도에서도 얼음 조각이 생기지 않을 뿐더러 설령 몇 개 생겨도 이 용질들이 물이 얼음핵에 달라붙는 것을 막는다고 한다. 용질은 식물과는 성질이 조금 다른 글리세린(glycerine), 글리코겐(glycogen)이 변한 소르비톨(sorbitol), 포도당 등이라고 한다.

추운 날씨에 운전을 하면 앞 유리창에 서리가 생겨 시야를 가릴 때가 있다. 이때는 기름칠을 하는데 기름이 없으면 비누나 샴푸를 바르기도 한다. 모두가 얼음에 물방울이 달라붙는 것을 막는 것이다. 손이 트는 것을 막기 위해 손등에 글리세린을 바르는 것도 이런 이유에서이다.

러시아 사람들은 한추위에 버터를 바른다는데 버터에는 지방산과 글리세린이 들어 있어 분명히 방한에 탁월한 효과가 있다. 영하 18도의 북극해에 사는 어떤 물고기는 겨우내 글리세린 외에도 포도당과 염분 농도가 매우 높았다고 한다. 가을로 접어들면 개구리나 뱀도 세포에 글리세린 농도가 올라간다. 여러 종류의 용질들이 빙점을 많이 낮추기 때문이다.

사람은 얼어 죽기도 하고 귀나 발가락에 동상이 걸리기도 한다. 동상이란 세포가 죽는 현상이다. 사람의 체온이 36.5도라 하지만 그것은 몸 안의 온도고 귓바퀴나 몸의 말단부는 체온이 훨씬 내려가서 바깥 기온과 비슷해진다.

가을이 되면 모든 동물들이 먹음새가 좋아진다. 천고마비라는 말도 그 테두리에 들어가는 말로 모두가 '간에 기름'을 그득 저장하여 겨울나기를 하기 위함이다. 지렁이는 1미터 아래 꼬물꼬물 땅굴을 파고들어 가 지열을 받으면서 큰 불편없이 겨울을 지내겠고 모기, 파리들은 마루 한구석이나 지하실 틈새에 달라붙어 봄을 기다린다.

개구리나 뱀은 볕 잘 드는 명당에 떼 지어 포실포실한 흙을 뒤집어쓰고 뱃속의 지방 덩어리를 녹여 먹으면서 겨울잠을 잔다. 필자가 전공한 달팽이 놈들도 양지바른 곳에 가랑잎 담요 하나만 있으면 너끈히 겨우살이를 한다. 이놈들은 모두가 냉혈동물이라 바깥 기온이 내려가면 체온도 같이 내려가 에너지 소비가 그만큼 줄어들기 때문에 얼지만 않으면 살아남는다.

문제는 온혈동물이다. 조류와 포유류 두 무리만이 온혈동물인데 겨울새들은 먹이를 찾아 먹으나 먹을 게 없는 곰이나 박쥐가 제일 겨울에 곤혹스럽다. 곰이 개천에서 돌을 뒤져 가재를 잡듯이 천천히 물건을 뒤질 때를 '곰 가재 뒤지듯' 한다고 하는데 물이 탱탱 얼어 버렸으니 가재도 못 잡고 바위굴에서 죽치고 있을 수밖에 없다. 바위 구멍으로 찬바람이 솔솔 들어오면 몸(근육)을 떨고 간을 떨어서 열을 내어 체온을 유지해야 한다(정상 체온보다 훨씬 낮아지기도 한다).

음산한 느낌이 드는 공포의 대상인 박쥐를 보자. 낮에는 쥐로, 해지면 날개 달아 새가 되니(실은 포유강, 익수(翼手)목으로 짐승이다) '박쥐구실'이라고 이리 붙고 저리 붙고 지조 없이 행동할 때 박쥐 같다고 한다. 이놈들은 동굴 안으로 150미터도 넘게 들어가(항상 영상의 온도) 집단 생활을 하기에 추위 걱정은 별로 없으나 못 먹어 배가 고프다. 박쥐도 에너지를 절약하기 위해 움직이지 않고 떼를 지어 붙어 있으니 서로 열을 나눌 수가 있어 훨씬 살아남기에 유리하다. 그러나 봄이 되면 기진맥진해져서 생식 활동도 어렵다. 그래서 이놈들은 살기 넘치는 가을철에 흘레붙는다. 암놈은 자궁에 정자를 받아 뒀다가 새봄에서야 제 난자를 만들어 수정시켜 새끼를 밴다고 한다. 힘 좋을 때 수놈의 씨를 받아 두는 것이다. 모두가 엄청난 생존 전략이다.

"정이월 다가고 삼월이라네, 강남 갔던 제비가 돌아오면 이 땅에도 봄이 온다네, 아리랑……." 하고 불렀던 어릴 때의 봄노래가 절로 흥얼거려지는 만물이 소생하는 봄이다. 입춘 가고 우수, 경칩을 참고 견뎠으니 삼월 삼짇날 제비는 제가 태어났던 본집으로 찾아들 것이다. 아, 봄이다! "봄볕에 그을리면 보던 임도 몰라본다."라고 따사로운 봄볕은 뜨거운지도 모르는 사이에 만물을 까맣게 그을린다. 그리고 '봄물에 방게 기어 나오듯' 한다고 뭇 벌레들이 잠을 깨고 스물스물 기어 나오겠지.

입춘에는 보리뿌리점을 본다고 한다. 보리 뿌리를 뽑아서 가닥이 두 개면 흉년이 들고 세 개면 풍년이 들 징조라는 것이다. 보리는 겨울을 잘 넘기면 뿌리가 튼실하니 이파리도 은성하지 않을 수 없다. 어쨌거나 가을 무 꽁지가 길거나 껍질이 두꺼우면 그해 겨울은 길고 추우며, 까치가 집을 높게 지으면 여름 물난리가 있을 것이라는 등 어떤 동식물은 사람보다 신통해서 점치기가 가능하다니 참 용하고 기특하다.

보리는 학명이 *Hordeum sativum*으로 서남아시아, 이집트가 원산지이다. 벼와 함께 화본(禾本)과 식물을 대표하며 온대 지방에서 잘 자란다. 보리에는 가을에 심는 2년생인 가을보리, 1년생인 봄보리가 있고 껍질이 잘 벗겨져 씨알이 잘 발라지는 쌀보리, 맥주의 원료로 쓰는 맥주보리 등이 있다.

보리는 줄기가 곧고 속이 빈 채 자라며 키가 큰 품종은 1미터를 너끈히 넘는다. 잎은 마주나기이고 외떡잎이라 나란히맥(평행맥)이다. 어린 시절 우리는 줄기가 빈 보릿대를 뽑아 토막 내어 한쪽을 앞니 끝으로 꾹꾹 눌러 얇게 피리 입술을 만든 후 피리인 양 불었다. 피리 소리도 그랬지만 혀끝에 배어드는 달콤하고 풋풋한 보릿대 맛이 더 좋았다.

모질고 끈질긴 불가사리와 해면의 재생력

바닷가 어디를 가도 뒤죽박죽 얽혀 있는 그물 가닥을 털고 있는 어부들의 얼굴은 구릿빛에 나이보다 곁늙어 보인다. 부인들 또한 바닷바람에 겉더께투성이이다. 그 모습을 보면 항상 가련한 마음이 든다. 눈물을 머금고 그렇게 사는 것이 인생이다. 맞다. 어차피 피할 수 없는 고통이라면 참고 즐기는 것이다.

어부들 그물은 언제나 말 그대로 '고기 반 불가사리 반'이다. 골치 아픈 것이 극피동물 불가사리 놈들이다. 불가사리는 얕은 바다부터 깊은 곳까지 안 사는 곳이 없다. 대표적인 것으로 별불가사리, 거미불가사리 들이 있으며 색깔이 현란하고 탈도 다양하며 큰 놈은 30센티미터가 넘어 거짓말 조금 보태면 큰 멍석만 한 것도 있다. 놈들은 모두 암수딴몸이고 팔이 5개이다. 좌우대칭인 대부분 다른 동물과는 달리 대칭축이 5개인 방사대칭(放射對稱)이며 굴, 바지락 등과 같은 이매패 조개를 주로 잡아먹는 육식동물이다.

흔히 불가사리라는 말의 뜻에는 상관 않고 한자로는 발음만 비슷하게 '불가살이(不可殺伊)'라고 표기하는데, 이 말의 뜻과 잘 죽지 않고 재생력이 강한 불가사리의 특징이 일치한다. 그런데 사전을 찾아보니 불가사리라는 놈은 '상상의 짐승'이다. 이놈은 곰의 몸, 코끼리 코, 무소의 눈, 소의 꼬리, 범의 다리를 가졌는데 쇠를 능히 먹고 악몽을 물리치며 사기(邪氣)를 쫓는다고 한다. 참 불가사의한 놈이다.

아무튼 여기서의 불가사리는 피부에 꺼끌꺼끌한 가시 돌기를 가져 딱딱하고, 예부터 어부들이 조개 양식장에서 잡으면 도끼로 토막을 내어 "에끼, 이 고얀 놈!" 하고 바다 멀리 팔매질하던 것이다. 물론 이것이 나중에는 불가사리를 키우는 꼴이 되고 말았지만 말이다.

불가사리는 재생력이 엄청나 팔에 상처를 입으면 곧바로 재생되고 어떤 때는 다친 팔을 완전히 떼 내 버리고(이런 현상을 자절(自切)이라고 한다) 깨끗하게 재생한다. 앞 이야기에서 어부가 정확하게 몸과 팔을 다섯 토막을 내어 버렸다면 몇 개월 안에 다섯 마리의 새 불가사리가 탄생한다는 말이다. 말 그대로 껄끄러운 불가사리이다. 패류 양식장은 더더욱 거덜나게 되었다. 이런 무한한 능력으로 불가사리는 가히 바다 밑 왕자 자리를 차지하고 산다. 세상을 지배하는 부류를 힘센 놈과 끈질긴 놈으로 나눈다면 불가사리는 끈질긴 쪽이다.

불가사리에 이어 해면의 되생겨남을 살펴본다. 해면동물은 매우 하등하여 신경계가 거의 없다. 바위나 나뭇가지에 떼 지어 붙어 사는 군체 생활을 하는 동물로 바다 말고도 민물에 사는 담수해면도 있다. 우리나라에는 목욕해면, 화산해면, 유리해면 등 여러 종류가 있다. 주로 바다에 살며 민물에도 몇 종이 있다.

해면의 재생력은 상상을 초월한다. 몸의 일부를 우렁이나 고둥 같은 복족류(腹足類)에 뜯어 먹혔을 때 다시 제 모양을 갖추는 정도는 말할 것도 아니다. 해면을 떼어서 막자사발에 넣어 가루가 될 정도로 콩콩 짓이겨 바닷물에 부으면 흩어진 세포들이 제자리를 찾아 원래 모양의 해면을 만든다! 신경이 없어서 조직 일부를 뜯어내도 아무 반응이 없는 놈들이 세상에 어떻게 신호를 주고받아 원래 모양을 갖춘단 말인가. 이 대목에선 독자 여러분도 귀가 솔깃했을 줄 안다. 이 또한 불가사의하지 않은가.

옛날에는 바다의 큰 해면을 따다 썩혀서 해면질은 녹이고 남은 해면은 수세미로 썼으나(요즘 다시 유행한다는 기사를 읽었다) 요새는 탄산칼슘 성분인 골편이 얽혀 있는 해면의 구조를 흉내 내어 플라스틱으로 찍어 내고 있다. 이것이 인조 해면이다.

그런데 해면의 용도는 여기서 그치지 않는다. 야멸차기로 으뜸인 사람들은 해면의 무서운 재생력의 비밀을 눈치 채고 독한 암세포를 죽이는 물질을 연구하여 우리나라에서도(한국해양연구소) 펙테노톡신(Pectenotoxin)Ⅱ라는 항암 물질을 해면에서 추출했다는 기사를 읽었다. 이 물질은 현재 가장 강력한 항암제 중 하나로 알려진 아드리아마이신(adriamycin)보다 훨씬 효과가 강하다. 60여 종의 인체 암을 대상으로 실험한 결과 폐, 난소, 유방, 자궁, 신장 암 등에 강력한 항암 효과가 있다는 보고가 있었다. 주목(朱木)에서도 택솔(taxol) 같은 항암제를 추출하지 않던가. 제 놈들만 알고 간직한 비장의 물질이 인간들에게 드디어 다 들켜 버리는 순간이다!

독자 여러분도 구구하게 설명하지 않아도 지레짐작하겠지만 한약이나 신약의 인체용 약품 거의 대부분(합성 제품 제외)을 동식물에서 얻는다는 것은 널리 알려진 사실이다. 더 토를 달지 않아도 될 줄 안다. 재생력이 뛰어난 해면에서 독종인 암세포를 죽이는 물질을 얻는다는 자연 원리는 그 의미를 새겨 둘 필요가 있다. 단언컨대 더 할 일이 우리 코앞에 한없이 기다리고 있다. 암을 잡을 수 있는 상서로운 조짐이 보이므로 언젠가 인류는 암의 늪에서 빠져나올 듯하다.

재생 실험 동물로는 편형동물인 플라나리아(planaria)를 쓴다. 플라나리아는 맑은 물에서 사는데 몸이 납작하고 머리는 삼각형에 가깝다. 두 개의 안점(眼點)이 있으며 몸 가운데 사람의 배꼽쯤 되는 곳에 입이 있다. 이 플라나리아를 가로로 3등분하여 공기가 잘 통하는 물그릇에 넣고 먹이로 달걀 노른자를 주면 곧 상처가 아물고 새로운 조직이 생긴다.

여기에서 흥미로운 것은 재생에도 방향성이 있어 머리 쪽에 머리가 생기고 꼬리 쪽에 새로 꼬리가 생긴다는 것이다. 가운데 토막도 머리 쪽에 머리가 꼬리 쪽에 꼬리가 옹골차게 새로 생기는데 이런 현상을 생물에서는 극성(極性)이라 부른다. 식물도 이런 관찰이 가능한데 버드나무 줄기를 잘라 거꾸로 매달아 두면(뿌리 쪽이 위로 가도록) 위쪽에 생긴 뿌리는 아래로 향하고 아래쪽에 생긴 잎과 줄기는 위로 향한다.

이처럼 동식물은 상처를 입으면 상처 난 곳에 세포분열이 왕성하게 일어난다. 이 점을 이용하여 어느 생물의 염색체를 관찰하기도 하는데 그 생물의 일부에 일부러 상처를 내어 분열 부위를 뜯어내는 실험을 꾀하는 것이다. 영리한 반면 못난 사람임을 본인들도 부인하지는 못하리라. 목적을 위해 수단과 방법을 가리지 않는 인간들의 모습에서 이기적인 물질과학의 한 단면을 본다. 정말로 과학자라는 이름으로 으쓱거리는 꼴이 가관이고 속이 느글거린다.

흔히 들어 본 도마뱀의 꼬리 자르기도 재생의 대표적인 예이다.

포식자에게 꼬리를 물리거나 몸체를 잡히면 도마뱀은 본능적으로 꼬리를 떼어 주고 도망을 간다. 천적이, 잘라져 꼬물거리는 꼬리 토막에 홀려 그놈을 덥석 무는 사이에 도마뱀은 '오금아, 나 살려라!' 줄행랑을 치는 것이다.

도마뱀은 태어나면서부터 꼬리뼈가 느슨하게 연결되어 있고 그것을 감싼 근육도 약해서 힘 한번 주면 자동(?)으로 잘린다. 참으로 신통하고 영묘하기 그지 없다. 실제로 도마뱀의 몸통을 잡고 있으면 까닥까닥거리는 꼬리의 중간쯤에 피가 빙 둘러져 고리 모양으로 뾰족하게 솟는 것을 관찰할 수 있다. 잘린 꼬리는 7주면 다시 원래대로 난다.

재생력은 기관의 분화가 덜 된 하등한 동물이 강하고 고등할수록 줄어드는 경향이 있다. 고등동물인 사람은 어린아이일수록 재생이 빠르고 나이를 먹을수록 떨어진다. 노인이 되면 손가락의 상처 하나도 빨리 낫지 않아 말썽을 부린다. 병에 대한 저항력도 바로 이 재생력과 관계가 있다.

사실 사람 몸의 재생력도 무시 못할 정도이다. 낫으로 내려찍어 큰 살점이 떨어져 나간 엄지손가락도 흉터만 남고 제 모습을 되찾는 것은 물론이요, 부러진 허벅지 뼈도 철심을 넣어 묶어 두면 감쪽같이 달라붙어 붙은 자리가 성한 부위보다 더 단단해지니 말이다. 그뿐만이 아니다. 오늘 하루도 전국의 병원에서는 수많은 수술이 행해지고 있고 사람들의 상처를 아물게 하고 잘린 부분을 되채우느라 세포는 왕성하게 늘어날 것이다. 놀라운 사실은 간의 경우 간에서 제거된 부분만큼만 시급히 채우고는 더는 부피가 늘어나지 않는다는 것이다. 뻐기기 좋아하는 겉똑똑이들 인간은 제 간이 왜, 어째서 그렇게 하는

지 그 속뜻을 모른단다. 미심쩍어하는 사람도 있겠지만 간은 우리 몸의 어느 기관보다 재생력이 강하여 반을 잘라 버려도 금세 원래 크기를 복원한다. 간의 재생력은 플라나리아에 못지 않다.

골수암이라는 백혈병이 있다. 이 병은 등뼈 속의 골수에 미성숙 백혈구가 턱없이 많이 생겨(백혈구가 그곳에서 생성된다) 산 세포를 도리어 죽이는 병이다. 치료 방법은 환자의 등골에 방사선을 쬐어 등골세포(신경세포)를 모두 죽이고 성한 사람의 등골세포를 주사기로 환사몸에 넣어 주는 것이다. 이때 성한 등골세포를 환자의 척추에 직접 주사하지 않고 정맥에 놓는데 정맥에 들어간 헝클어진 세포들은 죄다 피에 섞여 몸을 돌다가 막판에 제자리인 척수에 자리를 잡는다. 정말로 생명은 모질고 지독하다. 여기서 핏속의 골수세포들이 다른 곳이 아닌 바로 골수로 찾아가서 세포분열을 한다는 것은 비커 속의 해면세포들이 제자리를 찾아가 해면 모양을 되찾는 현상과 같다.

그러니 골수의 재생은 해면의 재생에 못지않다! 이런 창조의 원동력은 어디에서 나오는 것일까. 잘은 모르되 이 치료법을 개발한 사람은 사람과 다른 동물의 그 성질이 비슷하다는 것을 일찌감치 알아차렸고 이것을 바탕으로 '어려운' 문제를 풀었을 것이다. 골수세포는 골수에서만 산다. 마땅히 다 제자리를 찾아 살아야 한다는 교훈이 그 속에 있다.

동물의 모성애와 부성애

"고슴도치도 제 새끼는 함함하다며 좋아한다."라고 실제로 제 새끼 가시털이 어미에겐 보드랍게 느껴지는 법이다. 산중에서 가장 예쁜 새끼새는 잡지 않겠다는 포수의 다짐을 받고 시장 갔다 돌아온 어미메추리가 죽은 새끼를 보고 기절하지 않았다던가. 포수는 "산중에서 제일 미운 놈만 골라 잡았다." 하고 대답했다지만 말이다.

모성애란 지고(至高), 지대(至大), 지순(至純)한 것으로 모든 동물에게 있는 천부의 본능이다. 여기서 말하는 동물이란 보통 조류나 포유류 같은 고등동물을 일컫고 자식 사랑은 일반적으로 어이딸, 어이아들 사랑으로 한정하는 경향이 있다. 그러나 여기에 하등동물이면서도 아비가 극진하게 새끼를 돌보는 예가 있다.

물자라는 학명이 *Diplonynchus japonicus*이다. 우리나라에는 이놈 외에도 각시물자라, 큰물자라가 있는데 모두 물장군과에 속하며 몸길이가 2센티미터 정도로 난형(卵形)이고 암갈색을 띤다. 논, 연못, 양어장 등에 살면서 물고기, 올챙이, 영원(도롱뇽), 수서곤충 들을 잡아

먹는 육식하는 대형 수서곤충이다.

봄 산란기에 짝짓기를 하고 암놈은 수정란을 반드시 수놈 등에 붙이는 특이한 습성이 있다. 넓적한 등짝에 알을 다부지게 한짐 짊어진 아비물자라는 부화 때까지 삭신이 쑤시고 등창이 나면서도 물속에서 오르락내리락거리면서 알에 산소 공급하는 일을 게을리 하지 않는다. 골병 들게 수십 개의 알 등짐을 졌다고 해서 물자라를 '알지게'라고도 부른다.

일반적으로 곤충 무리에서 수놈은 짝짓기만 끝내면 제 할 일은 다 한 것으로 개미나 벌의 수놈처럼 학대 받다 쫓겨나거나 물려 죽거나 아니면 사마귀나 거미의 수놈같이 암놈에게 통째로 먹혀 자식될 알을 만드는 영양 공급원으로 희생되기 일쑤이다.

그러나 수컷 물자라는 자식 키우기에 있는 힘을 다한다. 새끼들이 알 깨고 나올 즈음 수컷은 물가로 살금살금 기어나가 납작 엎드려 한 놈 한놈 아쉬워하면서 새끼를 내려 준다. 그러고는 깊은 물로 잠수하여 조용히 죽어 간다. 이것이야말로 부성애의 극치가 아닌가. 아비물자라 사랑에 몸 둘 바를 모르겠고 씁쓰레 입맛만 다셨다. '자연은 인간의 어머니'이므로 물자라한테서 자식 사랑의 가르침을 배워야겠다. 물자라보다 못한 '버러지' 인간들은.

일반적인 곤충의 한해살이를 살펴보면 알이 부화되어 자라서(양적 변화, 이때 여러 번 탈피를 한다) 번데기가 되었다가(질적 변화, 이때 날개가 생긴다) 유충과 사뭇 다른 성충이 되어 생식 활동에 들어간다. 이런 변태를 완전변태라 하는데 많은 곤충은 불완전변태도 한다.

물자라가 부성애를 대변한다면 모성애를 발휘하는 곤충으로는 집게벌레가 있다. 집게벌레는 학명이 *Anisolabis maritima*로 화단의 돌

밑이나 썩은 나무 화분 밑에 살아서 지렁이, 쥐며느리, 노래기, 귀뚜라미와 함께 우리가 집안에서 자주 접하는 곤충이다. 이 벌레는 둥근가슴집게벌렛과에 속하는 놈으로 배 끝에 딱딱한 각질인 두 개의 집게돌기를 가지고 있는 게 가장 큰 특징이다. 암놈은 집게가 곧은 데 반해 수놈은 좌우 집게가 안으로 옥아 있다. 그래서 '가위벌레'라고도 하는데, 이 집게에 꼬집히면 제법 아프다.

보통의 동물들은 턱 쪽에 공격용 무기를 가지고 있는데 이놈은 뒤쪽에 있어 손이 가면 배를 치켜들고 집게를 무섭게 흔들어 댄다. 이 집게로 벌레들을 잡아먹어 익충(益蟲)이라고 하는데 누에를 잡아먹을 때는 해충(害蟲)이라도 부르니 인간의 잣대는 들쭉날쭉이다.

아무튼 이놈들은 불완전변태를 하며 봄에 암놈은 알을 낳아 돌 밑이나 나무 토막 사이에 숨겨 놓고 진득하게 부화될 때까지 망을 보면서 기다린다. 돌을 들춰 화나게 하면 사람도 겁내지 않고 알을 물어 날라 다른 곳에 감추는 것을 볼 수 있다. 살신성인이 아니라 지극히 '살신보란(保卵)' 하여 알과 새끼를 보호하고 기른다. 부화한 새끼들은 암컷 등에 기어오르고 다리에도 달라붙어 놀다가 10일 정도 지나면 뿔뿔이 제 살길을 찾아 나선다.

거미 중에도 낳은 알을 고치집에 넣어 등에 지고 다니는 자식 사랑이 유별난 암놈이 있다. 새끼거미들은 때가 되면 곰실거리며 아기집을 헤집고 나와 촘촘히 몰려 있다가 온 사방으로 표표히 흩어진다. 동물들의 종족 보존 본능은 정말 모질고 끈질기다.

다다익선이란 자식 많은 행복을 말한다. 가지 많은 나무에 바람 잘 날 없듯이 자식 많은 부모에겐 평온한 날이 없겠으나 낙역기중(樂亦其中), 그래도 그 속에 낙도 스며든다. 시시콜콜한 소리라고 치부하지 말지어다.

가재는 게 편이고 초록은 동색이라던가. 새우, 가재, 게는 모두 머리와 가슴이 합해져 하나이고 작은 꼬리와 단단한 등딱지를 가져 절지동물의 갑각류로 분류된다. 이들은 다리가 다섯 쌍(열 개)인 십각(十脚)목인데 맨 앞의 다리가 커서 집게발톱으로 변한다. 이놈들도 모성애가 남다르다. 암컷은 알을 배 아래 부숭털에 다닥다닥 붙여 배딱지로 덮어 새끼가 될 때까지 보호한다. 불그스름한 수정란은 조금 시간이 지나면 검붉은 색으로 바뀌어 노플리우스(nauplius), 조에아(zoea)로 꼴바꿈하고 새끼가 되어 제 세상으로 떠난다.

조피시(jawfish, 턱이 큰 물고기란 뜻으로 입이 무척 크다)라는 물고기는 낳은 알 덩어리를 새끼가 될 때까지 큰 입에 넣고 다닌다. 배고프면 돌 옆에 살짝 알을 숨겨 두고 먹이를 잡아먹고 와서 다시 알을 머금는다. 보통 물고기는 알을 모래에 파묻거나 풀에 붙이며, 돌 밑에 굴을 파서 돌바닥에 붙이거나 아예 집을 지어 그 속에 낳는데 말이다.

해마를 보자. 이놈은 몸길이가 5~15센티미터이고 몸은 딱딱한 골판으로 덮여 있다. 머리가 말대가리를 닮아 해마라는 이름이 붙었다. 주둥이는 길게 쑥 비어져 나왔고 몸을 곧추세워 등지느러미로 헤엄치며 꼬리로 해초를 감아 쉬기도 한다.

우리나라 근해에도 살며 수놈은 배 앞쪽에 육아낭을 가져 그 주머니에 암놈이 낳은 알을 넣어 부화될 때까지 간수하고 돌본다. 상세한 내용은 「해마의 사랑」 편을 읽기 바란다. 캥거루는 암놈이 새끼를 보육낭에 집어넣어 젖을 빨려 키우지만 해마는 수놈이 새끼를 키운다.

그런데 우연찮게 큰 길에서 '사람 캥거루, 사람 해마'와 자주 맞닥뜨리게 된다. 엄마의 앞가슴에 안긴 젖먹이 아이는 '캥거루새끼'이고,

아비에게 안긴 녀석은 '해마새끼'가 아닌가. 큰 짐을 든 '해마아비' 뒤에 작은 핸드백 하나 달랑 들고 졸졸 따라가는 젊은 여인네를 볼 때마다 마음이 편치 않은 것은 나이 탓일까. 아마도 모계사회로 회기하는 징조가 아닌가 싶다. 맛이 떫고 쓸 때를 삽고(澁苦)라 하던가.

달걀에도 뼈가 있다

계란에도 뼈가 있다(鷄卵有骨)고 한다. 운수 나쁜 사람이 하는 일에 뜻하지 않은 방해자가 끼어들어 연거푸 재수가 없을 때를 일컫는 말이다. 사실은 달걀에 뼈가 있을 수 없는 일이니 여기서 '骨'은 '곯다'의 우리말을 따서 쓴 것이다. 아무튼 달걀은 누구나 태어나서 죽을 때까지 제일 많이 먹는 식품 중 하나이고 삶아 먹든 구워 먹든 아무리 먹어도 물리지 않는다.

그런데 요새는 달걀에 콜레스테롤이 많이 들었다고 기피 식품이라니 한심한 일이다. 그 지방성 물질이 '악당'이나 바이러스라도 된단 말인가. 지방성 물질은 세포막의 성호르몬을 만드는 등 하는 일을 일일이 열거할 수 없이 많다. 노인들한테는 동맥이 굳어지는 등 좋지 않을 수도 있으나 크는 아이나 활동이 넘치는 장정들에게는 결코 '바이러스'가 아니라는 것이다. 다시 힘주어 말하지만 달걀은 완전식품이니 많이 먹고 먹이도록 하자. 달걀흰자에는 콜레스테롤이 전연 없다는 것도 덧붙여 둔다.

골목에서 외치는 행상들의 시끄러운 소리는 참겠는데 '계란과 다마네기'란 말은 귀에 거슬린다. 일본 말인 다마네기는 양파로 불러야 함은 물론이고 계란이란 말도 달걀이라 부르면 좋을 성싶다. 계란이나 달걀이나 그 말이 그 말일 수도 있지만 그래도 '닭의 알'이 줄어서 된 달걀이란 단어가 훨씬 와 닿는다. 좋은 말을 골라 쓰는 것은 문화인의 사명이다.

달걀 이야기로 돌아가서, 다 아는 것처럼 달걀 하나는 한 개의 세포이다. 그 세포 하나도 우주만큼이나 복잡하여 그놈이 어미의 따뜻한 기운을 받아 훌훌 날갯짓하는 병아리가 된다. 토종닭의 달걀 하나 무게는 30그램 정도이나 레그혼(leghorn) 같은 난계(卵鷄)가 낳은 것 중 큰 것은 60그램이나 나간다. 사람 난자 크기가 1.5마이크로그램인 것에 비하면 커도 너무 크다. 병아리가 어미 뱃속에서 양분을 얻지 못하니 제 먹을 것을 다 가지고 나와야겠기에 그렇게 크지 않을 수가 없었던 것이다.

달걀의 맨 겉껍질은 탄산칼슘이 주성분인데 이것은 딴 세포의 세포벽에 해당된다. 알을 싸서 보호하며 7,000여 개의 작은 구멍이 뚫려 있어(육안으로는 잘 보이지 않지만) 공기가 안팎으로 드나든다. 그런데 그 구멍에는 눈에 보이지 않는 미세한 닭똥가루나 세균이 그득 묻어 있으니 이빨로 탁탁 깨어 죽죽 빨아먹는 일은 이제 삼가는 것이 좋겠다. 서양 사람들은 날달걀 먹는 사람을 보면 깡패로 알고 도망을 친다고 한다.

달걀 껍질 안에는 2겹의 얇은 막이 있는데 이것이 다른 세포의 세포막에 해당된다. 알부민(albumin)인 흰자도 세포막(알막)이다. 다시 말하면 껍질, 알막, 흰자는 모두가 난막(卵膜)에 해당하고 진짜 알은 노른자이다. 병아리의 발생은 이곳에서 일어나고 나머지는 보호하거나 발생에 필요한 양분이 될 뿐이다.

이번에는 달걀이 어떻게 만들어지는지 보자. 어린 시절 밑알 넣은, 짚으로 엮어 헛간 서까래에 걸어 놓은 닭둥우리에서 대가리만 보일 둥 말 둥 몸뚱이를 낮춰 아침알을 낳는 씨암탉의 똥구멍을 들여다본 적이 있다. 암탉 숨소리에 맞춰 달걀 끝이 나왔다 들어갔다 반복하는 것을 지루한 줄 모르고 알을 낳을 때까지 고집스럽게 보았다.

어느 순간 암탉이 엉덩이를 살짝 드는가 싶더니 목에 핏대를 올리면서 온몸에 힘을 주자 알이 불거져 나왔다. 나는 호흡을 잠시 멈추었다. 알을 낳았다고 암닭은 곧바로 내려오지 않았다. 한참 더 품고 있다가 알이 식으면 "꼬꼬댁 꼭꼭 꼬꼬댁 꼭꼭!" 큰 소리를 치며 알이 태어남을 수탉에게 알렸다. 달려온 수탉은 울대를 세워 수고했다고 큰 소리로 "꼬꼬댁!"을 질러 댔다. 짚으로 달걀 10개씩을 길게 묶어 중간중간 동인 달걀 꾸러미를 언제 다시 볼 수 있을까. 문화란 흐르는 물과 같아 밀고 밀리는 것이리라.

손님이 오거나 제사, 명절 때면 닭장 속의 닭 한 마리가 덧없이 죽어 나간다. 닭은 모가지를 비틀어 날갯죽지 아래에 끼워 꽉 잡고 있으면 한 번 두 번 세 번 온몸을 떨다 숨을 거둔다. 모든 동물은 죽을 때 세 번 '죽을힘'을 다한다는데 필자는 이 이유가 항상 궁금했다. 사람도 똑같다. 그래서 '삼'이라는 숫자는 오묘하다.

죽은 닭의 배를 가르면 곧 세상을 보았을 껍질 생긴 달걀부터(만져보면 껍질이 약간 물렁물렁하다) 수란관 중간에 걸쳐 있는 노른자, 그 위에 포도송이처럼 가득 달려 있는 미성숙 노른자 알갱이들까지 달걀의 발생 과정을 한눈에 볼 수 있다. 적당히 큰 노른자는 송이에서 떨어져 수란관을 타고 내려가고 아래로 가면서 흰자가 둘레에 붙고 더 내려가서 탄산칼슘이 굳어져 달걀 모양을 완성한다. 이 어찌 무지몽매한 닭이 하는 일이라 하겠는가. 창조신의 신력(神力)이라 아니할 수 없다. 하루 한 개씩 꼬박꼬박 알을 낳는 암탉을 그냥 닭이라 해도 될까. 어느 날은 노른자 두 개가 같이 떨어져 내려와 달걀이 되는 수도 있으니 그것이 쌍알이다. 그 쌍알에서 병아리 두 마리가 태어난다! 신통한 일이다. 어미 털 색깔을 닮아 흰 닭은 흰 알, 갈색 닭은 갈색 알을 낳는 것도 그렇고.

사람들은 닭을 예부터 소, 말, 염소, 돼지, 개와 함께 육축이라 하여 소중하게 키워 왔다. 다른 것들과 달리 닭은 알도 주고, 고기도 준다. 그래서 여느 여염집에서도 수탉 한 마리에 암놈 몇 마리씩은 키웠다. 닭들은 떼 지어 먼 텃밭까지 나가 남새를 뜯어 먹고 두 다리로 땅을 파서 지렁이, 지네 들을 잡아먹었다. 사람들은 이런 닭의 모습에서 가족애마저 느끼고 삶의 평화까지 맛보았다.

살 오른 가을 수탉은 땅 차고 용마루에 날아올라 목을 길게 빼고 하늘을 향해 목청껏 소리친다. 그 모습은 의연함과 기개마저 느끼게 한다. 여축없이 꼭두새벽 제시간이면 홰 타고 올라앉아 잦추어 울어대니 뱃속에 자명종 시계라도 있단 말인가. 참 용하다. 닭이 매일 제시간에 빠짐없이 우는 행동은 몸속의 생물시계 때문인데, 사람들은 이 생물시계의 규칙적인 행동을 '생물리듬'이라 하였다.

엉덩이가 펑퍼짐하여 알 잘 낳고 새끼 치성 잘하는 암탉을 씨암탉이라 한다. 씨암탉은 납작 땅바닥에 엎드려 수탉의 씨를 받기 위해 "골골~." 알결어서 홀알 아닌 겹알을 낳아 20개 정도 되면(자연 상태에서는 그렇다) 두 날갯죽지로 알을 품는다. 하루에 딱 한 번 똥 누러 내려

왔다가 모이도 먹는 둥 마는 둥 알 식는 것이 두려워 잽싸게 날아올라 가서는 목을 빼고 주변을 '닭눈'으로 살핀다. 품은 지 스무하루면 둥지 속에서 새 생명의 소리가 들린다. '알을 깨는 아픔'을 경험한 병아리들의 소리이다.

싸리로 엮은 닭의 어리에 어미와 새끼를 옮기고 물 담은 종지를 넣어 준다. 처음에는 어리 위 틈새로 싸라기를 넣는다. 대낮에는 날갯짓하게 어리를 열어 줘서 일광욕(?)도 시킨다. 병아리는 어미를 졸졸 따라 마당 한바퀴를 돌면서 세상 구경(?)도 하고 어미가 잡아 주는 새끼지렁이 맛도 본다. 그러다 솔개 한 마리가 스쳐 날기라도 하면 어미, 아비 고함에 혼쭐이 나 어미 품으로 내달려 안긴다. 그래도 궁금하면 날갯죽지 사이로 목을 내밀어 솔개 꼴을 구경한다. 이렇게 어미 사랑 받은 병아리라야 다음에 새끼를 깐다. 부화기(incubator)에서 태어난 고아 병아리 저놈들은 사랑을 받지 못해 주는 것도 모른다.

닭은 꿩과에 속하며 원산지는 인도네시아, 말레이시아 근방으로 보고 있다. 들닭을 얼러 키워 가축화한 것이다. 닭은 크게 레그혼같이 알을 잘 낳는 난계, 살이 많은 육계(肉鷄), 싸움 발톱이 발달한 투계(鬪鷄) 등으로 구분하는데 이 닭들은 같은 종이지만 품종이 다르다. 어떤 동물들 사이에서 생식과 번식이 가능할 때 우리는 그들을 같은 종이라 한다. 백인, 흑인, 황인은 품종에 해당하며 그들 사이에서 아이가 생길 수도 있으므로 같은 종인 것과 다름없다.

따라서 어떤 품종의 닭이든 서로 짝짓기 하여 알을 낳을 수 있다. 사람은 그 알을 지지고 볶고 삶아 먹는다. 그런데 삶을 때는 소금을 조금 넣는다. 여기에도 과학적 원리가 숨어 있는데 우리는 무심코 넘기기 일쑤이다. 물에 녹은 소금 성분은 삶을 때 금이 간 껍질에서 새어 나오는 흰자를 굳게 하여 더 이상 터져 나오지 않게 막아 준다. 삶은 달걀을 찬물에 담그는 것은 노른자에 있는 황과 철이 화학반응을 일으켜 거무스름한 황화철을 못 만들게 하기 위해서이다. 따스한 온도에서는 화학반응이 더 잘 일어난다. 삶은 달걀 하나에도 이렇듯 과학이 녹아 있다.

삶은 달걀 껍질을 벗겨 흰자는 먹고 노른자는 예리한 칼로 반으로 쪼개서 그 단면을 유심히 들여다보기 바란다. 틀림없이 나무의 나이테 같은 알테를 볼 수 있을 것이다. 하루에 하나씩 켜켜이 생겼으니 하루테라 해도 무방하다. 그날그날 어떤 곡식과 채소를 많이 먹었느냐에 따라 하루테의 색깔이 달라진다.

사실 어느 것을 먹었느냐에 따라 난황의 성분도 달라진다. 그래서 무슨 성분이 많이 들었느니 하는 '특란'이라는 것이 있는 것이다. 하루는 옥수수만 먹이고 다음날은 당근 섞인 모이를 먹이고 그 다음에는 홍당무를 많이 먹이고……. 이런 식으로 하루하루 다르게 먹이를 먹인 다음 알의 노른자를 자르면 하루테가 형형색색으로 나타난다. 어쨌거나 닭장 속에 감금돼 홀알만 낳아 대는 기계닭이 가련하기만 하다. 누굴 위해 닭은 알을 낳는단 말인가.

달걀은 세울 수 있을까. 콜럼버스 식이 아니고. 그렇다. 두 손으로 가볍게 오긋이 모아 쥐고 숨을 죽인 채 '정신일도 달걀 세우기'를 되뇌이면서 기울어지는 그놈들을 가운데로 밀어 세우기를 집념과 끈기로 계속하면 어느 순간 '섰다'는 느낌이 열 손가락에 뻗쳐 올 것이다. 그때 손가락을 떼어 보라. 아, 달걀이 섰다. 역시 콜럼버스는 바보였다는 자신감과 쾌감이 밀려올 것이다. 자연을 들여다보는 혜안이 있어야 하고 선입관을 깨는 자만이 선구자가 된다!

너무 요긴한 것을 잃어 멍하니 넋 놓고 있는 사람을 '손자 잃은 영감'이라 부른다. 삶의 골인점이 보이는 노인네에게는 살붙이 손자, 손녀가 한없이 귀여워 친자식보다 더 예쁘게 느껴진다고 한다. 사실 그럴 것이다. 그 노인의 유전물질의 4분의 1이 손자, 손녀(물론 외손들도 마찬가지이다) 들의 세포 속에 흘러들었기에 그렇다. 한 사람 유전자의 2분의 1이 자식에게 전해지고 그 자식 유전자의 반이 다음 대로 전해졌으니 결국 할아버지 피의 25퍼센트가 손자들 몸에서 흐르고 있는 셈이다.

그래서 손자를 안은 어느 노인이나 속으로 '내가 죽어도 영원히 죽은 것이 아니라 네 속에 나의 일부를 남기고 간다.'라고 되뇌이는 것이리라. 이것을 우리는 대를 잇는다고 말한다. 유전물질이 뭐 말라빠진 거냐고 망발하는 사람도 있겠으나 다른 말로 유전물질은 씨가 되니 "씨 도둑은 못 한다."라는 것이다. 그래서 유전자란 가계의 진수이다. 한 가계의 모든 것이 서려 있는 무서운 힘을 가진 것이다.

사실 하나의 세포에는 한 사람의 유전자가 다 들어 있다. 누구나 몸을 구성하는 70조 개가 넘는 세포 하나하나에 46개의 염색체를 가지고 있고 그 염색체에는 유전인자들이 제자리에 놓여 있다. 위, 간, 발, 손 등 어느 세포에나 자기의 유전물질이 들어 있다는 말은 그 세포 하나를 부풀려 키운다면(불가능한 일이나) 자기와 똑같은 한 사람이 생겨난다는 얘기가 된다.

거꾸로 이야기하면 수정란에서 시작된 동일한 유전물질을 가진(유전적으로 동일한) 세포들이 어떤 것들은 떼 지어 모여들어 간이 되고 또 다른 놈들은 아름작아름작 떼 지어 위, 창자, 발로 분화된다니 그것 또한 신비스럽다. 200가지가 넘는 구조로 다양하게 나뉘어 구색을 갖추고 제자리에서 제 할 일만 함으로써 건강한 사람이 된다니 다양성이란 몸이나 국가나 매한가지로 필요하고 중요하다.

일란성쌍생아를 보자. 23개씩의 염색체를 갖는 정자와 난자가 수정되어 수정란(46개 염색체)이 되고 이것이 난할을 하여 2세포기(2할구기), 4세포기…… 포배, 낭배기를 거쳐 50조 개가 넘는 태아가 되는데, 일란성쌍둥이는 어떤 원인으로 2세포기일 때 각 세포가 떨어져 나가 두 아이가 된 것이다. 이 아이들은 성, 얼굴, 모습, 지능 등 모든 유전적 성질이 동일하다. 한마디로 말해 겉과 속이 모두 똑같다.

일란성쌍생아 발생 과정을 잘 뜯어보면 바로 하나의 세포에 한 사람의 형질을 결정하는 유전물질이 다 들어 있다는 것을 알 수 있다. 만일 2세포기 때 분리되지 않았다면 한 사람의 몸을 구성하는 체세포가 되었을 것이니 말이다. 사람 세포도 변덕이 죽 끓듯 하여 두 개의 세포가 분리되다가 일부분이 떨어지지 않고 그대로 붙어서 태어나는 탐탐치 않은 일도 일어나는데 이런 일란성쌍둥이를 샴쌍둥이

(Siamese twins)라 한다. 쌍둥이 탄생도 가계 유전을 하는데 쌍둥이 발생은 하나의 아메바가 둘로 나뉘는 하등한 생식법의 하나인 이분법의 특성을 가지고 있기도 하다. 만일 느닷없이 4세포기 때 따로 떨어져 나가 자랐다면 똑같은 네 쌍둥이가 나오게 되는 것이다.

"쌍태(雙胎) 낳은 호랑이 하루살이 하나 먹은 셈"이라는 속담이 있는 걸 보면 범도 쌍둥이를 낳았던 모양이다. 많은 사람들이 일란성쌍생아가 한 개의 난자에 두 개의 정자가 동시에 들어가 생긴 것으로 살볏 알고 있다. 생물을 배운 사람들 입에서 그런 답변이 나오니 말문이 막힌다. 모든 난자에는 두 개의 정자가 들어오는 것을 막는 장치가 있다. 만에 하나 들어갔더라도 한 마리의 정자핵과 난자핵이 융합되기에 머저리 침입자는 도태되고 만다.

그러면 이란성쌍생아는 어떻게 생긴 것일까. 한쪽 난소에서 그 달에 난자 하나가 배란되면 다음 달에는 다른 쪽에서 한 개가 생기는 것이 정상이나 역시 어떤 원인으로(호르몬 대사 변화로) 난자 2개가 생겨 각각의 난자가 정자와 수정하여 발생한 것이 이란성쌍둥이이다. 이들은 생긴 폼은 물론 성도 다르게 나타난다(물론 같은 성도 생긴다). 일란성과 달리 다른 수정란에서 발생했기 때문에 유전물질이 당연히 서로 다르게 섞여 있다.

일란이든 이란이든 이놈들 키우기는 어렵고 힘들다. 젖먹이라서 그렇지만 뭣보다 녀석들이 서로 무서운 경쟁을 한다는 것이다. 뱃속에서부터 양분 빼앗기를 해 온 녀석들이라 태어나서도 관성이 붙어 끝없이 싸운다. 겉으로는 곰살궂게 놀아 없으면 못 살듯 행동하나 속으로는 반목하고 질시한다. 그래서 겉치레까지도 똑같이 신경을 써주어야 하기 때문에 옷 한 벌도 다른 것이 없다. 형제 자매끼리는 싸우면서 크는 것인데 특히 쌍둥이들은 한 치의 양보도 없이 죽기 아니면 살기로 티격태격한다.

한 달에 2개의 난자가 생기는 것은 보통 여포호르몬인 에스트로겐(estrogen)이 과잉 분비되었을 때 생기는 현상이다. 이 원리를 이용하여 쉽게 시험관아기를 만든다. 나팔관(수란관)이 막힌 불임인 여인에게 에스트로겐호르몬을 과량 주사해서 여러 개의 난자를 동시에 배란케 하고 복강으로 그 난자들을 얻어 내어 시험관에 넣고 남편의 정자를 섞어 수정한다. 수정된 난자를 조금 키워 부인의 자궁벽에 달라붙여 임신케 하는 것이 시험관아기이다. 이 방법으로 여러 쌍둥이를 낳는 것을 볼 수 있다. 말이 쉽지 생명의 탄생이 떡 주무르듯 되는 것은 아니다. 복잡한 배양약에 온도, 수소이온농도 등 수많은 필수 요인들이 관여하고 남다른 기술도 있어야 한다.

시험관 송아지는 아니지만 이제 우리 시골에서도 암소가 발정을 하면 수의사들이 황소에게 받아 놓은 정자를 암소의 자궁에 주사하여 수정시키는 것이 예사이다. 송아지 만드는 정도는 시시껄렁한 굿거리보다 못하다. 결국 남자의 성행위는 정자를 자궁에 사정하는 것이 원초적인 목적이라는 이야기이다. 일소에 부칠 말인지 판단키가 어렵다.

언젠가 복제인간을 만들게 되었다고 대서특필한 신문 기사를 읽은 적이 있다. 기사는 도덕적인 문제를 제기하면서 끝을 맺었다. 사람의 난자와 정자를 시험관에서 수정하고 2세포기가 되었을 때 핀으로 두 세포를 따로 떼 내어 난할을 계속해서 각각 6세포기까지 시험관에서 더 키웠다는 것이 기사의 줄거리이다.

독자 여러분의 오해가 없기를 바라는 것은 실제로 '복제인간'인 아이를 만들었다는 뜻이 아니고 6세포기까지의 기술로 그것이 가능하다는 의미이다. 자연 상태에서 일란성쌍생아가 되는 자연 분리를 인위적으로 분리시켰다는 점이 다를 뿐이다. 그렇게 키운 6할구기의 것을 여자의 자궁에 모두 넣으면 똑같은 두 아이를 얻을 수 있는 것이다. 6할구 하나하나를 모두 분리시켜 6명의 여자 자궁에 넣어 키우면 어떻게 될까? 다음의 '복제 송아지'에 답이 있다. 바로 이런 일이 사람에게서는 일어나서는 안 된다는 것을 신문은 비판했던 것이다. 그런데 난자와 정자를 수정할 때 정자에서 정핵만 떼 내어 난자에 집어넣는 기술도 생겼다니 참 고약한 인간들이다.

일본에서는 다른 소보다 젖을 세 배로 많이 내는 놈의 난자를 큰 수소의 정자와 수정하고 그것을 시험관에서 세포분열(예를 들어 16할구기라 하자) 하여 각 세포를 하나하나 분리시켜 16마리의 암소에 넣어 '슈퍼 젖소'를 얻는 일이 이미 실용 단계에 있다. 이것은 우리도 가능하다고 한다. 이것이 곧 복제 송아지인데 16마리의 송아지는 어미를 닮아 젖이 많이 나온다. 앞에서 이야기한 것처럼 이런 결과도 동물 실험을 여러 번 거친 것으로, 실제로 시험관에서 소의 난자와 정자를 수정하여 난할하는 할구들을 떼 내어 암소의 자궁에 집어넣어 쌍둥이 송아지를 얻어 내고 있다. 한 마리가 아닌 두 마리의 쌍둥이 송아지를 곱으로 얻게 되었다는 이야기이다.

지금까지의 이야기에서 세포 한 개에 한 생물의 형질을 결정할 모든 유전물이 들어 있다는 것을 이해하였을 것이다. 하나만 더 예를 들어 보자. 몇십 년 전에 개구리의 수정란에서 수정된 핵을 떼 내어 버리고 그 자리에 개구리 창자세포의 핵을 분리하여 집어넣어 올챙이를 발생시키는 실험이 행해졌다.

이런 유사한 실험은 여러 동물에게 실시됐다가 이제는 가축이나 인간에게 집중되는 게 현실이다. 개구리의 창자세포는 분명히 체세포로, 꼭 창자세포가 아니더라도 다른 세포도 가능하다는 것을 알려준다. 하나의 체세포 속에는 모든 유전인자가 포함되어 있기 때문이다. 내 몸의 어느 세포에나 '작은 내'가 들어 있다는 것은 흥미로운 사실이다.

어느 생물이나 씨를 뿌려서 제 몸의 일부가 이 지구에 영생하길 바란다. 그래서 숨결이 육신을 떠날 때까지 생물들은 그렇게 치열하게 살기다툼하는 것이리라. 삶의 결이란 그런 것일까? 죽은 후에 어떻게 되든 괘념할 일이 아닌데 말이다. 그러나 지금도 여전히 자식에게는 2분의 1, 손자에게는 4분의 1, 증손에게는 8분의 1, 현손에게는 16분의 1…… 유전물질은 영원히 흐르고 있다. 농도만 희석될 뿐, 영원히.

♀과 ♂

세상에 암놈과 수놈이 있다는 것은 참 재미있는 일이다. 식물만 해도 꼭 암꽃과 수꽃이 있지 않은가. 사람 세상에도 암수가 있고 그들의 사랑과 미움이 철학이라는 이름으로 다뤄진다. 어쨌거나 재미있다.

어린 시절 이글이글 코가 타는 한여름, 소 꼴을 베러 풀밭에 들어가면 암놈한테 퇴박맞았거나 암놈을 학수고대하던 떠돌이 방아깨비(홍굴래)가 "때때때!" 날개를 비비며 날아다니는 모습을 볼 수 있었다. 필자를 눈치 챈 녀석은 멀찌감치 날아가 앉고 필자가 따라가 잡을라치면 또 "때때때!" 소리를 내면서 내키는 대로 멀리 내뺐다. 새끼손가락 두 마디 길이도 안 되는 빼빼 마른 좀팽이인 이놈이 바로 방아깨비 수컷이다. 어린 필자는 통통하게 살찐 이놈의 뒷다리를 잡아 끄덕끄덕 디딜방아찧기 놀이를 하다가 싫증나면 아궁이 숯불에 구워 먹었는데 제법 오달지고 고소했다.

방아깨비를 잡으려고 풀 먹인 삼베바지에 오금과 사타구니가 쓸려

가면서 내닫기를 몇 번이나 했던가. 그런데 귀밝은 그놈은 바스락 소리에도 쏜살같이 도망가곤 했다. 그놈의 똥구멍만 본 필자는 다시 뒤따르고……. 아무리 배고픈 시절이라도 꼬마 홍굴래는 구워 먹지 않았다. 너무 작아 먹을 게 없어서 그렇기도 했지만 어쩐지 꺼림칙했기 때문이다.

동물 계통도에서 척추동물(어류, 양서류, 파충류, 조류, 포유류)로 올라가면 수놈이 예쁘고 덩치가 크다. 그 아래 단계인 무척추동물은 암놈이 크고 수놈이 작은 게 특징이다. 특히 방아깨비 같은 곤충 무리는 암수 크기와 모습이 많이 다르다. 모르는 사람은 다른 종으로 오해할 정도이다. 크기, 생김새, 몸빛까지 판이한 경우가 허다하나 제 놈들은 서로 잘도 알아본다니 '애정의 고리'란 그런 것인가 보다.

어디나 예외는 있어서 무척추동물 중에도 수놈이 크고 암놈이 작은(물론 모습도 달라 보통 사람은 다른 종으로 보기 쉽다) 것이 있다. "알 가진 대게 없다."라는 말처럼 동해안에서 잡히는 영덕대게는 모두가 수놈인데 그놈의 짝은 아주 작은 '방게'라는 놈이다. 전체적으로 보아 물에 사는 동물들은 체외수정을 하고 뭍 생활하는 것들은 체내수정을 한다. 그래서 꼬마 방게가 알을 쏟을 때 꺽다리 대게는 엉금엉금 기어가 정자를 뿌린다. 수놈이란 몸뚱어리 크기가 아니라 씨알 덩어리가 중요하다.

단세포동물인 짚신벌레나 그보다 더 하등한 세균도 암수가 있을까. 이들 세계에는 난소니 정소니 하는 생식소라는 것이 있을 수 없다. 세균부터 보자. 세균은 작은 균이라는 뜻이고 영어로는 bacteria 이다. 세균은 작디작은 단세포생물로 우리 몸 안팎에 수없이(손바닥 하나에만 3억 마리가 넘게 있다고 한다) 묻어 있다. 또 수천 종이라 눈에 안 보여 그렇지 한마디로 사람은 세균 덩어리이다.

그런데 이 세균들도 환경이 좋지 않을 때는 서로 핵산을 교환한다. 여기서 말하는 핵산은 DNA로 서로 이 유전물질을 교환하므로 이전과 다른 성질을 갖는 세균이 되어 약물이나 불리한 환경을 이겨 나간다. 항생제에 내성이 생기는 것도 이런 방법을 동원한 것이다.

짚신벌레도 역시 단세포로 보통 때는 몸이 반으로 잘려 둘이 되는 세균과 같은 2분법으로 번식한다. 그러나 여러 번 분열했거나 주변 여건이 좋지 않을 때는 두 놈이 달라붙어 소핵 속의 유전물질을 서로 교환한다. 이 과정을 설명하면 매우 복잡하여 여기서는 생략하지만 아무튼 상대방의 핵 물질을 받아 '회춘(回春)'하여 분열을 계속한다.

그런데 여기서 흥미로운 것은 짚신벌레끼리 접합할 때(세균도 마찬가지이다) 무작위로 짝을 맞추는 것이 아니라는 것이다. 어줍잖게 이 놈들도 맞선을 보고 짝을 짓는다. 짚신도 제 짝이 있듯이 짚신벌레도 제 짝이 있다. 사람을 포함한 고등 동식물은 유전물질이 든 난자의 난핵과 정자의 정핵이 만나 후손이라는 새로운 개체를 만들어 내나 하등한 이놈들은 유전물질을 혼합해 분열 능력을 되찾을 뿐이다.

그러나 궁극적으로 자손을 퍼뜨린다는 점에서는 동일한 행동이다. 고개가 갸우뚱해지는 신기한 일이라 아니할 수 없다. 하등동물의 접합과 고등동물의 짝짓기가 무관치 않음을 발견했으니 말이다. 이놈들도 다 자식을 남기니 제 앞가림은 하는 것이다. 암수 개념이 없는 출아법과 같은 무성생식은 유전물질의 혼합이 없기 때문에 유전적으로 고정되어 새로운 형질을 만들지 못하는 진화가 없는 하등한 생식 방법이다.

게와 방아깨비의 암수 모습이 다른 예를 들었는데 극단적인 예로

주머니나방(도롱이벌레)을 하나 더 들까 한다. 주머니나방의 유충은 괴상하게도 풀, 나뭇잎, 나무껍질로 만든 도롱이를 걸치고 풀 이파리를 뜯어 먹고 자란다. 주머니나방은 큰 비가 와도 도롱이 속으로 들어가면 그만이다. 도롱이란 짚이나 띠 같은 풀로 엮어 농부들이(필자도 어릴 때 입었다) 비 올 때 어깨에 걸쳤던 비옷의 일종이다.

주머니나방에게 도롱이는 번데기가 되고 우화하여 성충 나방이 될 때까지 천적 등의 위험으로부터 보호해 주는 안식처이다. 성충 수놈은 날개가 생겨 도롱이 주머니를 뚫고 날아가나 암놈은 날개가 없어 주머니 속에서 계속 머문다. 수놈이 날아와 교미기를 깊숙이 넣어 짝짓기를 하는데 씨 받은 암놈은 그 안에서 산란하고 일생을 마친다. 옛날 우리 할머니들의 일생 같아 안쓰럽다.

부화한 알들은 집을 나가 제 집을 짓고 또 그 속에서 일생을 보낸다. 주머니나방과 우리네 삶이 다르지 않아 측은한 마음이 든다. 한마디로 어떤 벌레들은 암수가 사는 방법도 이렇게 다르다. 연전에 서울에 은행나뭇잎을 갉아먹는 새로운 해충이 생겼다고 언론이 법석을 떤 적이 있는데 바로 그 벌레가 주머니나방 무리이다. 갑자기 창궐했다는 것을 보면 다른 나라에서 새로 유입된 놈이 아닌가 싶다.

우리는 피라미 암수가 다르다는 것을 잘 알고 있다. 물고기뿐만 아니라 조류인 닭, 포유류인 사자도 수놈이 우람하며 치장도 잘해 권위마저 느끼게 한다. 울음소리도 수탉이 크고 수사자가 우렁차게 포효한다. 개구리도 매미도 수놈이 울어 댄다. 한마디로 고등동물은 수놈이 활동적이고 적극적이며 멋도 부려 암놈을 유인하고 지배한다.

그런데 사람은 다른 동물과 반대로 왜 여자가 도맡아 멋을 내는 것일까. 머리를 볶고 얼굴에 화장품을 칠하고 다리털을 깎고 배꼽은 물론이고 중요한 부분이 보일 듯 말 듯 아슬아슬하게 옷을 입고 교태를 부리는 저 여성들의 행동을 어떻게 해석해야 하는가.

나는 이렇게 생각해 본 적이 있다. 옛날 옛날 모계사회 때 뭇 남자들을 거느리기 위해 하던 행동이 아직도 남아서 그럴 것이라고. 어쨌거나 우리 집 애완견 '재순이'가 아양떨며 덩치 큰 수놈 재돌이를 깔고 뭉개며 가지고 노는 것을 보면, 세상에 암놈한테 이기는 수놈은 없다. 남성들은 명심하라!

종 보존의 심각성

어느 생물의 한 개체가 지구상에 태어났다가 명이 다해 죽듯이 어느 한 종도 일정 기간 존재하다가 멸종된다. 그리고 또 다른 새로운 종이 나타난다. 이런 일이 죽 반복되어 왔다. 다시 말하면 지금 살고 있는 종들도 어느 시기에 이르면 지구에서 사라진다는 것이다.

공룡의 예를 들어 보자. 공룡의 멸종 원인에 관한 여러 가설 중 하나가 공룡이 덩치가 너무 커서 풀, 나무를 다 뜯어 먹어 버려 절멸했다는 설이다. 지금의 우리 사람이 자칫 이 공룡 꼴이 되지나 않을까 싶다. 젖이 말라 버린 지구의 젖꼭지를 50억이 넘는 사람들이 아귀다툼하며 빨아먹고 있으니 말이다. 아무튼 공룡 중에서 초식성인 뇌룡 같은 놈은 몸길이가 자그마치 24미터, 체중이 50톤이나 되어 줄잡아도 하루에 2톤의 풀을 먹어 치웠으니 결국 시장기를 못 참고 지구에서 사라졌으리라. 미련한 공룡이다.

1994년 이집트 카이로에서 1주일 동안 제3회 국제인구개발회의가 열렸다(10년에 한 번씩 개최된다). 회의의 핵심은 임신중절을 허락하여 2015년까지 세계 인구를 72억 5,000만 명으로(그대로 두면 2050년에 100억이 된다) 조절하자는 것이다. 이를 추진하는 쪽은 소위 끗발 좋고 잘사는 나라들이었고 산아제한의 대상이 되는 쪽은 주로 후진국들이었다. 이런 이유로 후진국들은 목에 핏대를 세우며 반대하였다.

찬성 쪽의 주장은 이제 지구의 부양 능력이 한도에 도달했다는 것으로 먹는 입이 너무 많아 공룡처럼 자원 고갈로 공멸할 위험이 있으니 산아제한을 하지 않을 수 없다는 것이다. 여기서 말하는 자원이란 식량, 육류, 물고기는 물론이고 삼림, 물, 공기까지 총망라한 것이다. 사실 『이기적 유전자』의 저자 도킨스(Dawkins)도 지구의 인구가 많아져서 인류는 멸망할 수밖에 없다는 비관론을 폈다. 그 이전에 맬서스(Malthus)도 『인구론』에서 인구는 기하급수로 증가하고 식량은 산술급수로 증가하니 인구 증가를 억제하지 않으면 사회의 빈곤과 죄악이 끊이지 않을 것이라고 예언했다.

그런가 하면 산아제한을 반대하는 편에서는 흰수작하지 말라며 주먹을 치켜들면서 크게 반발하고 있다. 바티칸에서도 '용서 받지 못할 대죄'라고 반대하고 나섰고 바티칸과 견원지간(犬猿之間)인 이슬람권도 "신의 뜻에 어긋난다."라고 새된 목소리를 냈다. 이들은 자원 고갈은 잘사는 국가들이 너무 많이 먹고 헤프게 물건을 쓴 데 원인이 있다고 주장한다. 미국인 한 사람이 먹고 쓰는 것이 인도 사람 50명분으로 한마디로 '포식'을 하고 있으니 지구의 환경오염도 잘사는 나라의 책임이라는 것이다. "국 쏟은 것도 억울한데 사타구니까지 데었다."라고 못사는 사람들은 악에 받쳤던 것이다. 이들의 지적에는 필자도 동의하는 바이다.

어떤 반대론자는 '인구는 짐이 아니라 재산'이라고 강조하면서 아프리카의 식량 문제도 인구 문제가 아니라 사막화로 경작지가 부족하기 때문이라고 강변한다. 인구 밀도가 높은 '한국' 같은 나라도 잘 살고 있다고 우리를 예로 든다. 이 칼럼니스트에게 곱지 않은 말 한마디를 해야겠다. 우리도 식량 자급률이 30퍼센트밖에 되지 않아 생물자원 문제가 심각한 지경에 이르렀다고 말이다.

우리는 먹을거리의 70퍼센트 정도를 수입한다. 빵, 라면, 가락국수 등 밀가루 음식은 물론이고 과일, 생선, 고사리까지도 수입한다. 소, 돼지, 닭 어느 것 하나 수입 사료를 먹지 않는 것이 없다. 닭고기 한 점도 수입 사료를 먹여 키웠으니 수입 닭고기가 아니고 뭔가. UR인가 뭔가 때문에 자급자족이 됨에도 불구하고 쌀도 들여올 판이다. 다시 말하지만 당장 곡식 수입이 안 되면 지금 우리가 먹는 양의 3분의 1 정도밖에 먹지 못한다는 말이다.

그러니 생물자원의 자급률을 높여야 하는데 이는 우리가 해결해야 할 최우선적인 과제이다. 그러나 현실은 그렇지 못하다. 먹을 것이 부족하니 공장을 지어 물건을 파는데 이로 인해 공장폐수가 강에 넘치고 공기는 곪는다. 이 악순환의 고리가 언제까지 계속될지 모를 일이다. 바다의 어패류도 잡아먹을 대로 잡아먹어 씨가 말랐다고 한다. 즉 바다도 사막화되어 못쓰게 되어 버렸다.

그러면 귀한 생물자원을 보호하기 위해서 우리는 어떻게 해야 하는가. 허황한 이론이나 빛 좋은 흰소리가 아닌 우리가 몸소 실천할 수 있는 것은 없을까. 앞이 캄캄하다. 아시아에서만도 1초에 7명의 아이가 태어나는데(2명이 죽고) 세계적으로 1년에 2만여 종의 생물이 멸종한다. 이대로 간다면 25년 이내에 지금 사는 8퍼센트의 생물이 멸종될 것이라니 억장이 무너진다. 과연 우리의 작은 힘이 무슨 보탬이 되겠는가. 정녕 지구는 멸망할 것인가. 그것은 곧 인류의 종말을 뜻하는 게 아닌가. 우리나 우리의 다음 세대까지는 이 지구를 파먹고 살 수 있지만 말이다.

문제는 다음다음 또 그 다음 세대를 위해서 열일을 제쳐 놓고 우리가 뭔가를 해야 한다는 것이다. 자, 그럼 우리가 친히 할 수 있는 자원 보호 방법을 생각해 보자. 한마디로 절약하자는 것이다. 채근담에도 "절약하는 가정에 가난이 없다."라고 했는데 절약하는 지구인에게 자원 고갈이란 절대로 없으리라.

우리도 이제는 잘 먹어 부잣병인 고혈압, 당뇨병 환자가 늘어나고 살 빼겠다고 먹는 데보다 더 많은 돈을 수영장, 헬스클럽에 쏟아 붓는다. 이럴 때 금석지감(今昔之感)을 느끼는 것이리라. 통계를 보니 한 사람이 71살까지 3톤 트럭 9량분인 27톤의 음식을 먹는다고 한다. 하루에 1킬로그램 조금 넘게 먹는다는 것이다.

그러나 풍년에 거지 굶어 죽는 것 모른다고 아직도 음지의 사람들이나 결식아동이 많다는 것을 잊지 말아야 하겠다. 먹는 것도 좀 줄여 절약하면 좋겠다. 물론 대부분 우리와 아무 상관이 없는 동떨어진 이야기이지만 말이다.

휴지 한 장만 해도 너무 헤프게 쓴다. 그 휴지는 궁극적으로 산의 나무니 휴지를 많이 쓰면 쓸수록 지구 어딘가의 나무는 베어지고 있다는 말이 아닌가. 나무젓가락, 귀이개, 이쑤시개 하나도 모두 나무를 자른 것이다. 그뿐만이 아니다. 사람 하나 없는 넓은 강의실이나 집안에도 대낮같이 전기불이 환하게 켜져 있는 것을 너무도 자주 본다. 맨 나중에 강의실을 나서는 사람은 꼭 불을 끄고 집에서도 전기를 절약하자. 기름과 석탄이 만든 그 전기도 지구가 흘린 피와 땀이 아닌가. 천장에서 돈이 타고 있는 것이다. 또 있다. 화장실 수도에서 물이 새고 있는 경우가 많다. 물 값의 30퍼센트가 수입한 약품 값이라지 않던가. 돈이 새고 있는 것이다.

수도꼭지에서 물이 흐르는 것을 보고도 어찌 얼렁뚱땅 발길을 돌린단 말인가. 시간도 아껴 쓰자. 젊음도 잠깐이라 일분일초가 아깝지 않은가. 나라의 보배로운 자원인 젊은이들이 생각없이 시간을 보내는 것을 보면 참 언짢다. 시간이라는 귀한 자원을 아껴 써서 늘그막에 후회 않도록 해야 할 것이다. 시간은 사람을 기다리지 않는다.

환경보호를 통한 종 다양성 보호 등 큼직한 정책적 문제는 여기서 생략하였다. 그저 절약이 몸에 배어야 하겠다. 그것이 곧 생물자원을 보존하는 지름길이기에 하는 소리이다. 인간 등쌀에 찢기고 할퀴어진 어머니 지구의 몰골이 말이 아니다. 우리는 그의 고마움을 잊지 말아야 하겠다. 되레 헤살부리는 훼방꾼이 되어서야 쓰겠는가.

다산(多産)하는 돼지

돼지는 척추동물 포유강 유제(有蹄)목 멧돼짓과에 속하는 동물로 학명은 *Susscrofa domesticus*이다. 유제류란 다리 끝에 발톱이 있다는 뜻이다. 돼지는 큰 발톱 2개와 작은 것 2개 모두 4개의 발톱이 있는데 짜개진 큰 것 2개가 땅바닥에 닿는다. 소도 이와 같은 구조라 발굽이 하나인 말보다는 소, 돼지가 더 가까운 사이라고 생물학자들은 본다.

돼지는 육축 중에서도 가장 장려되어 왔으며, 멧돼지를 길들인 것이다. 세계적으로 90여 품종이 있다. 여기서 말하는 품종이란 종은 같으나 서로 조금씩 다르다는 뜻으로 품종끼리는 교잡(交雜)이 가능하다. 그러나 종이 다르다고 보는 멧돼지와 집돼지 사이에도 새끼를 치는 것을 우리는 알고 있다. 생물계에는 종간잡종(種間雜種)이 흔하지는 않으나 일어난다.

돼지는 다른 동물과 달리 목이 굵고 다리가 짧으며 주둥이가 길고 힘 있어 땅파기에 좋게 생겼다. 꼬리가 짧고 말려 있는 것도 재미있는 특징이다. 돼지 코를 잘 살펴보면 코라 부르는 것이 좀 이상하다. 돼지 코는 돼지의 윗입술과 코가 하나로 길게 늘어난 것인데 2개의 콧구멍이 뻥 뚫려 있다. 코끼리 코도 그렇게 늘어난 것이다.

돼지는 어느 동물보다 피하지방이 발달하여 몸에 털이 듬성듬성 나 있어도 추위를 잘 견딘다. 지방층의 보온 효과 때문이다. 녀석들이 살이 잘 찌는 이유는 아무거나 잘 먹는 잡식성이라 그렇다. 멧돼지는 이끼, 버섯, 칡뿌리, 나무뿌리, 개구리, 들쥐, 가재까지 잡아먹는다니 알 만하다. 돼지 몸에 그렇게 기름기가 많은데도 고혈압이나 동맥경화에 걸리지 않는 것은 돼지라서 그럴까.

게걸스럽게 먹어 대거나 저만 아는 욕심쟁이를 돼지 같다고 한다. 미련하거나 못난 이를 돈견(豚犬) 또는 돈어(豚魚)라 하는가 하면, 자기 아들을 겸손하게 일컬어 돼지 같은 아이라는 뜻으로 돈아(豚兒)라 부른다. 남과 다른 행동을 할 때를 '돼지 왼 발톱'이라 부르고 지저분하기 짝이 없는 곳을 '돼지 우리' 같다고 한다.

한편 돼지는 복(福)과 재물을 상징하여 저금통도 '돼지 저금통'이고 돼지꿈을 꾸면 복권을 산다. 윷놀이의 '도'도 돼지의 결말이다. 돼지라는 뜻의 한자에는 저(猪) 자 말고도 돈(豚) 자가 있으니 이 중 뒤의 것이 우리가 쓰는 화폐 '돈(錢)' 자가 되지 않았을까? 돼지 같은 더러운 돈이 사람을 죽이고 살리니 돈(錢)이든 돈(豚)이든 둘 다 귀하다.

돼지는 인간에게 고기를 주는 베이컨형과 기름을 주는 라드형이 있는데 전자에 속하는 것이 우리가 요새 주로 키우는 버크셔나 요크셔 종이다. 이들의 원산지는 영국이다. 우리나라 토종 돼지는 꼭 분류하자면 비게가 적은 베이컨형인데 덩치 큰 서양 종들한테 떠밀려 이제는 씨를 찾아보기 어렵게 되었으니 이것도 역사의 상처라면 상처라 할 수 있겠다.

사실 돼지는 우리 일상생활과 밀접한 동물이다. 고사 지낼 때도 굿을 할 때도 돼지 머리가 없으면 안 된다. 전(煎) 몇 장을 부쳐도 돼지기름 한 덩이로 얹어 놓은 솥두껑에 기름칠을 했었다. 그뿐만 아니라 돼지는 수육에 순대, 삼겹살, 족발, 보쌈까지 먹을 부위도 많았다. 기름으로는 비누나 화장품을 만들고 껍질은 껍질대로 쓰고……. 우리가 어릴 때는 축구공도 돼 주었다. 당시엔 공이라는 것이 없어 새끼줄을 감아 썼는데 동네서 돼지 잡는 날에는 돼지 오줌보를 얻어 거기에다 적당히 바람을 넣어 빵빵 차곤 했다.

돼지는 미련해 보이지만 주인도 알아보고 무엇보다 새끼를 아주 잘 낳는다. 수컷과 암군 지 115일 정도면 6~10마리는 예사고 많으면 20마리도 낳는다. 그리고 출산 일주일 후면 또 발정을 한다니 정말로 새끼를 많이 낳는 동물임에는 틀림없다. 그리고 그 새끼들은 돈이 된다. 그래서 다산과 재물을 상징하는 돼지 그림이 이발소나 음식점에 많이 걸려 있는가 보다. 돼지새끼들은 먹이경쟁을 피하기 위해 제가 먹을 어미 젖꼭지를 정해 놨다니 영특하기 짝이 없다.

새끼가 1달쯤 자라면 수돼지 놈들은 1마리씩 끌려 나가 불알을 까이니 이를 거세(去勢)라 한다. 거세를 하면 성질이 순해지고 고기질도 좋아지며 살도 더 잘 찐다는데 거세된 수돼지는 사람으로 치면 환관(宦官)이다. 감나무 밑에 가마니 한 장 깔아 놓고 새끼들을 누여 사금파리로 불알을 째어 알을 들어내고는 거기에 된장을 쓱 발라 두던 그 동네 어른들이 이제는 다 망구순(望九旬)에 이르셨다. 그때 돼지가 내지르던 소리가 바로 '돼지 멱 따는 소리'였다.

앞에서 거세를 하면 고기질이 좋아진다고 했는데 그 질이란 말은 돼지 냄새가 덜 난다는 뜻이다. 다른 동물도 그렇지만 오줌 냄새나 몸 냄새가 수놈에게서 더 많이 난다. 모두가 고환의 웅성호르몬 때문이다. 실제로 돼지 수컷 고기는 구워 봐도 심한 지린내가 난다. 갖은 양념도 그 냄새는 못 죽인다. 그래서 요즘은 도살장에서 암놈만 식용으로 팔고 수놈들은 냄새를 처리하여 햄이나 베이컨으로 만든다.

냄새라는 것은 묘해서 다른 동물끼리는 서로 냄새를 싫어하고 같은 성끼리도 거부한다. 그러나 이성 사이의 체취는 서로를 잡아끄는 어떤 향수 같은 역할을 한다. 어쨌거나 제 냄새도 싫어하여 향수 같은 화장품이 생겨난 것이고 고기를 많이 먹으면 먹을수록 몸에서 나는 냄새도 독해져 향수를 더 많이 뿌리게 됐는지도 모르겠다.

인류의 뿌리

인류의 조상(祖上) 문제는 학자들 간에 주장이 달라서 논쟁이 그치지 않고 있다. 하지만 최초의 인간이 아프리카에서 나왔고, 원숭이가 사람의 조상이 아니고 둘이 같은 조상에서 나와 400만 년 전에 갈라졌다는 점에는 모두 동의하고 있다. 그러니까 원숭이는 우리의 할아버지가 아니고 사촌뻘이 되는 셈이다.

다른 동물들은 네 다리로 다니는데 어찌하여 사람은 두 다리로 걷게 되었는지부터 보자. 아프리카 동부 지역은 원래는 숲이라 원인들도 나무 위에서 생활했다. 그러다 갑자기 기온이 떨어져 나무가 다 죽고 풀밭(사반나)만 남게 되었다. 원인들은 먹이를 모아다 먹어야 했고 그러다 보니 사자 등의 맹수들과 더 치열하게 싸우게 되었을 것이다. 먹이를 살터로 옮길 때 한 팔보다 두 팔로 안아 오는 양이 더 많아 두 팔을 사용하다 보니 자연스레 뒷다리에 힘이 뻗쳤고, 사자 놈들이 어디 있나 두 다리에 힘을 주고 목을 세워 계속 살피다 보니 서서 걷게 되었을 것이다.

그래 봤자 '설'일 뿐이라 이 설에 대한 논박도 많다. 기특하게도 인간들은 제 뿌리를 찾기 위해 아프리카, 독일, 프랑스, 인도네시아, 베이징 등지의 뙤약볕에서 해골 무덤을 100년 넘게 파헤치고 있다.

두 다리로 걷다 보니 두 팔은 자유로워져서 두 팔로 먹이를 잡고 무언가를 모으고 심심할 때는 요것저것 만져 지금의 문화도 창조했다. 물론 네 다리로 기어 다녔다면 허리 디스크나 좌골신경통, 치질 등은 안 생겼을 테지만.

사람 화석이 몇 년 전 것이냐는 것은 방사선 동위원소로 알아낸다. 다리 뼈다귀를 보고도 서서 다닌 흔적을 찾아낼 수 있다고 한다. 그것도 뼈마디 전공하는 사람들이 들여다보면 바로 안다니 벌어 먹는 방법도 여러 가지이다. 네 다리가 떠받치던 체중을 두 다리가 도맡아 하니 늙으면 무릎에 관절염이 생기고 발가락에는 티눈이 돋는다. 수백 번을 넘어지고 나서야 아이들이 서는 것을 보면 바로 서기란 어려운 일인가 보다.

흔히 직립하는 것 외에 사람 특징으로 도구 사용, 불 사용, 언어 구사 등을 말하지만 생물학적으로 사람은 엄청나게 많이 달라졌다. 안면 근육의 조화로 웃을 수 있고 눈물샘이 발달하여 눈물을 흘리고 눈에 흰자위(다른 동물은 옅은 갈색이다)가 생겼으며 머리카락이 2미터까지 계속 자란다.

척추는 에스(S) 자로 굽어졌고 이마는 앞으로 튀어나왔으며 눈 사이가 가까워지고 그 사이에 코가 우뚝 솟았다. 두개골이 얇아지는 대신 커져서 골량이 증가했고 팔은 짧아지고 발뒤꿈치가 납작해졌으며 턱뼈가 앞으로 나오고 턱뼈 끝이 예리해졌다. 눈 위의 뼈가 납작해지고 엄지발가락과 새끼발가락은 닿을 수 없게 되었으나 엄지손가락과 새끼손가락은 맞닿게 되었다. 이렇게 인간은 여러모로 변하였다.

침팬지, 고릴라 들은 사람을 닮아 유인원(類人猿)이라 하고 사람의 조상들은 원숭이를 닮아 원인(猿人)이라 하며 직립원인은 현대인에 가까워 원인(原人)이라 한다. 현대인에 가까워질수록 사람은 키가 커졌고 뇌의 양도 처음 500시시(cc)에서 1,700시시까지 늘어났다.

'인류의 요람'이라는 저 더운 아프리카 케냐나 에티오피아에서 인류는 어떻게 걸어와서 여기 강원도에 살게 되었으며 일본으로는 언제 건너갔단 말인가. 지금부터 최소한 100만 년 전에 우리 할아버지가 아프리카를 떠났을 것으로 추정되는데 이것이 '아프리카설'이다. 아직까지는 제일 힘을 얻는 설이다. 다른 하나는 여러 지역에서 동시에 현대인이 생겼을 것이라는 '다지역가설'이다. 어쨌거나 르완다의 그 꼬마 아이들이 우리의 종손(宗孫)이라니 믿기지 않으나 지금까지의 연구 결과로는 그렇다.

아프리카에서 출발한 조상들이 중동, 중앙아시아를 거쳐 한반도까지 오는 것은 그나마 가까운 편이었다. 베링 해협을 건너 남미까지 내려갔으니 지구의 주인되기도 쉽지는 않다. 이렇게 온 세계에 퍼져서 추운 곳 더운 곳 가리지 않고 먹을 것만 있으면 찾아 나섰던 모양이다. 조상들도 분명히 육식과 초식을 같이 했을 것이므로 다른 동물들과 먹이다툼이 있었을 것이다. 이 경우 어떻게 공격하고 방어했을까 하는 의문은 지금도 풀지 못하고 있다.

그런데 아프리카의 맹수들이 가시나무에는 맥을 못 춘다는 사실을 실험으로 알아냈는데 아마 원인들도 이 사실을 알아차리고 굴 앞에 가시 돋은 나뭇가지를 얼키설키 모아 놓고 잠을 자지 않았을까 싶다. 물론 그때는 아직 도구나 불을 사용하지 않았을 것이다.

여러분은 독일의 네안데르 계곡에서 발굴한 네안데르탈인에 대해서 들어 봤을 것이다. 현대인과 가장 가까웠던 원인(原人)으로 직립원인에서 같이 진화되어 나왔다가 현대인은 지금의 우리가 되었고 네안데르탈인은 현대인과 싸워서 패해 30만 년 전에 멸종된 것으로 보인다. 즉 원숭이가 우리의 조상이 아니듯 이들도 현대인의 조상이 아니라는 것이다. 앞으로 현대인에서 또 어떤 움이 돋을지 모를 일이다. 이렇게 긴 세월에 걸쳐 인류는 먼 길을 이동하면서 가는 곳마다 그곳에 적응하고 조금씩 변해 지금의 우리가 되었다. 이런 추정을 믿어야 할지 말아야 할지 지금도 의문투성이이나 반박할 자료는 없으니…….

하여튼 사람이 다 다르고 사는 장소에 따라 조금씩 바뀌는 것은 사실이다. 다음은 한국인의 얼굴을 보자. 필자도 전문가는 아니나 어떤 사람의 얼굴을 보거나 음성을 듣고(물론 음성 속의 억양도 도움이 된다) 그 사람의 출신 지역 정도는 알아 맞힌다.

한서대학교 조용진 교수의 연구 논문을 보면, 다른 민족과 크게 다른 우리 얼굴의 특징은 이마가 좁고 인중이 뚜렷하며 미간이 넓다는 것이다. 또 눈이 작고 동공 지름이 짧다. 지역으로 보면 서북쪽 사람들이 이마가 좁은 편이고 인중은 경남, 전남, 충청 순서로 짧다. 서쪽 사람들은 긴 코, 검으면서도 가는 머리카락을 가져 중국인과 비슷한 반면, 동쪽 사람들은 넓고 높은 코와 희면서도 굵은 머리카락을 가졌다. 또 북쪽 사람들은 얼굴이 길고 남쪽 사람들은 짧다. 그 논문에 따르면 한국인의 또 다른 생물학적 특징은 손톱이 크고 두꺼우며 체형은 상체가 가늘고 하체가 굵다는 것이다. 특히 목이 가늘고 체취는 거의 없다.

지역별 특성을 좀더 보면 남쪽 사람들은 피부색이 검고 발가락이 길다. 해안 지역 사람들은 곱슬머리와 습성귀지(귀지에 물기가 있는 것)가 많고 귓불이 길어 큰 '부처귀'도 많다. 그리고 내륙 지방으로 갈수록 칼귀가 많고 손바닥 가운데를 가로지르는 맞금형 손금도 많다.

말 그대로 손바닥만 한 나라에서도 지역에 따라 이렇게 변이가 일어나니 저 넓은 세상에서는 검고 흰 것은 물론이고 짧고 긴 것이 얼마든지 나오겠구나 하는 생각이 든다. 그래도 우리가 어디서 와서 어디로 가는지는 모르겠다.

우리 시대의 과학 전도사 **권오길**

경남 산청에서 태어나 진주고교, 서울대 생물학과 및 동 대학원을 졸업하고, 수도여중고, 경기고교, 서울사대부고 교사를 거쳐 강원대학교 생물학과 교수로 재직했다.

청소년을 비롯해 일반인이 읽을 수 있는 생물 에세이를 주로 집필했으며, 글의 일부가 현재 중학교 2학년 1학기 국어 교과서에 「사람과 소나무」란 제목으로 실려 있기도 하다. 강원일보에 「생물 이야기」라는 칼럼을 연재하기도 하는 등 지면과 방송을 통해 과학의 대중화에 힘쓰고 있다.

2000년에 '제42회 강원도 문화상 학술상'을 수상했으며, 2002년에는 간행물윤리위원회에서 '저작상'을 받았다. 그리고 2003년에는 '대한민국과학문화상'을 수상했다.

그의 책들

『소라는 까먹어도 한 바구니 안 까먹어도 한 바구니』(지성사, 2013)
『달팽이 더듬이 위에서 티격태격, 와우각상쟁』(지성사, 2013)
『권오길 교수의 강에도 뭇 생명이…』(지성사, 2012)
『권오길 교수의 갯벌에도 뭇 생명이…』(지성사, 2011)
『권오길 교수의 흙에도 뭇 생명이…』(지성사, 2009)
『달과 팽이』(지성사, 2005)
『하늘을 나는 달팽이-개정판』(지성사, 2005)
『바람에 실려 온 페니실린』(지성사, 2004)
『바다를 건너는 달팽이-개정판』(지성사, 2004)
『생물의 애옥살이-개정판』(지성사, 2004)
『꿈꾸는 달팽이-개정증보판』(지성사, 2004)
『열목어 눈에는 열이 없다』(지성사, 2003)
『생물의 다살이-개정판』(지성사, 2003)
『달팽이』(공저, 지성사, 2002)
『인체기행-개정증보판』(지성사, 2000)
『개눈과 틀니』(지성사, 1997)
『기초생물학』(공저, 강원대출판부, 2002) 『신원색 한국패류도감』(공저, 도서출판 한글, 2001)
『한국의 동물-연체동물1』(공저, 생명공학연구소, 1999) 『생물의 세계』(웅진출판사, 1998)
『강원의 자연-연체동물편』(공저, 강원도 교육청, 1995) 『원색 한국패류도감』(공저, 아카데미서적, 1993)
『한국동식물도감-연체동물1』(문교부, 1990)

권오길 교수의 생물 이야기

꿈꾸는 달팽이(개정판)
2002년 02월/ 변형 신국판/ 양장/ 280쪽/ 12,000원

*한국간행물윤리위원회 저작상
*전국독서새물결모임 선정 추천도서

달팽이-지성자연사박물관⑥
권오길,이준상/ 2002년 09월/ 국판/ 160쪽/ 15,000원

*과학기술부 인증 우수과학도서
*어린이도서관연구회 어린이 권장도서

생물의 다살이(개정판)
2003년 10월/ 변형 신국판/ 256쪽/ 12,000원

*한국과학문화재단 추천도서
*한국간행물윤리위원회 청소년 권장도서

열목어 눈에는 열이 없다
2003년 12월/ 변형 신국판/ 248쪽/ 12,000원

*한국간행물윤리위원회 선정 청소년 권장도서

생물의 애옥살이
2004년 04월/ 변형 신국판/ 양장/ 272쪽/ 12,000원

*환경부 선정 우수환경도서
*한국간행물윤리위원회 선정 청소년 권장도서

생물의 죽살이
2004년 04월/ 변형 신국판/ 256쪽/ 12,000원

*한국과학문화재단 추천도서

바다를 건너는 달팽이
2004년 05월/ 변형 신국판/ 양장/ 224쪽/ 12,000원

*한국과학문화재단 추천도서
*경영자독서모임(MBS) 선정도서

바람에 실려 온 페니실린
2004년 12월/ 변형 신국판/ 272쪽/ 12,000원

*책따세(책으로 따뜻한 세상 만드는 사람들) 추천도서

하늘을 나는 달팽이
2005년 03월/ 변형 신국판/ 304쪽/ 12,000원

*한국출판인회의 선정도서

달과 팽이
2005년 07월/ 변형 신국판/ 240쪽/ 12,000원

권오길 교수의 흙에도 뭇 생명이…
2009년 2월/ 변형 신국판/ 224쪽/ 13,000원

*환경부 선정 우수환경도서
*문화체육관광부 우수교양도서

인체기행(개정판)
2010년 8월/ 신국판/ 344쪽/ 11,000원

*서울시교육청 추천도서(중학교 2학년)
*전국독서새물결모임 선정 추천도서

권오길 교수의 갯벌에도 뭇 생명이…
2011년 11월/ 변형 신국판/ 304쪽/ 16,000원

권오길 교수의 강에도 뭇 생명이…
2012년 4월/ 변형 신국판/ 272쪽/ 14,000원

*문화체육관광부 우수교양도서

달팽이 더듬이 위에서 티격태격, 와우각상쟁
2013년 9월/ 변형 신국판/ 284쪽/ 14,500원

*한국과학창의재단 우수과학도서
*올해의 청소년도서

소라는 까먹어도 한 바구니
안 까먹어도 한 바구니
2013년 10월/ 변형 신국판/ 288쪽/ 14,500원

*한국과학창의재단 우수과학도서
*아침독서 추천도서